工科系数学セミナー

ベクトル解析入門

國分雅敏 著

$$\int_C \boldsymbol{A}\cdot d\boldsymbol{s}$$

TDU 東京電機大学出版局

まえがき

本書は，ベクトル解析の分かりやすい教科書であることを目標に書かれたものである．想定した読者は，微分積分学と線形代数学の初歩 (ベクトル，行列) をすでに学び，初めてベクトル解析を学ぶ工科系の学生諸君である．そのようなわけで，タイトルは「ベクトル解析入門」とした．

本書では，ベクトルの基本事項から始め，曲線と曲面，ベクトル場，線積分と面積分の順に解説した．最終目標は，「積分定理」と総称される Green の公式，Gauss の発散定理，Stokes の定理等を理解することである．これらは，古典力学，流体力学，電磁気学等の理解のために必須の内容である．また，曲線や曲面の取り扱いに慣れることは，コンピュータグラフィックスなどの仕事をする上でも重要である．

本書のスタイルは，定義，定理，証明…などの従来の数学書のスタイルに従ったが，数学的に厳密に述べることにはこだわらなかった．定理の証明も，簡単な説明や例による説明で済ませたところも多い．読者が工科系の学生諸君であることと入門書であるという理由から，定義や概念をひと通り概観して計算技術を会得することを第一と考えたからである．本書を読み進むにあたっては，各節末に配した練習問題をすべて自分で解いてみることが大切である．

高等学校での「数学Ｂ」，「数学Ｃ」や，大学初年次の線形代数学を十分学習した学生諸君は，第１章のベクトルの基本事項の大半の部分を省略して先に読み進んでもよいであろう．しかしながら，最近，高等学校における履修内容や大学の入学試験方法の多様化のためか，計算はできるものの論証や幾何学が苦手な学生諸君が多いように見受けられる．したがって，ベクトルについてひと通り学習済みの読者も，少なくとも第1章は問題を解いて，自分の理解度を確認されることを勧める．

本書の執筆を強く勧めてくださった鶴見和之教授には，原稿を注意深く読んでいただき多くの助言をいただきました．心から感謝申し上げます．また，お世話になりました松崎真理さんをはじめとする東京電機大学出版局の編集部の方々にお礼申し上げます．

2002年4月

國分雅敏

目次

第1章

ベクトルの基本事項

1.1 ベクトルの基本事項

1 ベクトルの定義，和，スカラー倍

空間内の線分で，端点に始点と終点の区別をつけたものを**有向線分**と呼ぶ．点 P が始点で点 Q が終点であるような有向線分を $\overrightarrow{\mathrm{PQ}}$ と書き，図 1.1 のように矢印を用いて表す．言い換えれば，有向線分は，向き，大きさ (長さ)，おかれている場所，によって決まる矢印である．

図 **1.1** 有向線分

それに対し，向きと大きさだけに着目した量を**ベクトル**(vector) と呼ぶ．1 つの有向線分 $\overrightarrow{\mathrm{PQ}}$ が与えられたとき，その向きと大きさによりベクトルが 1 つ決まる．このベクトルを $(\overrightarrow{\mathrm{PQ}})$ と書く．別の有向線分 $\overrightarrow{\mathrm{P'Q'}}$ があったときに，その向きと大きさが $\overrightarrow{\mathrm{PQ}}$ の向きと大きさに等しければ，$\overrightarrow{\mathrm{P'Q'}}$ も同じベクトルを定める．すなわち，有向線分としては $\overrightarrow{\mathrm{PQ}} \neq \overrightarrow{\mathrm{P'Q'}}$ であったとしても，それらが平行移動で移りあえば，ベクトルとして $(\overrightarrow{\mathrm{PQ}}) = (\overrightarrow{\mathrm{P'Q'}})$ である．例えば，図 1.2 では，$(\overrightarrow{\mathrm{PQ}}) = (\overrightarrow{\mathrm{P'Q'}}) = (\overrightarrow{\mathrm{P''Q''}})$ である．

ベクトルを書き表す記号として，太い文字 $\boldsymbol{a}, \boldsymbol{b}, \boldsymbol{c}, \ldots$ や矢印文字 $\vec{a}, \vec{b}, \vec{c}, \ldots$ が使用される．本書では太い文字のほうを使う．それに対して大きさのみで決まる量**スカラー**(scalar) は通常の太さの文字 $a, b, c, \ldots$ で表す．

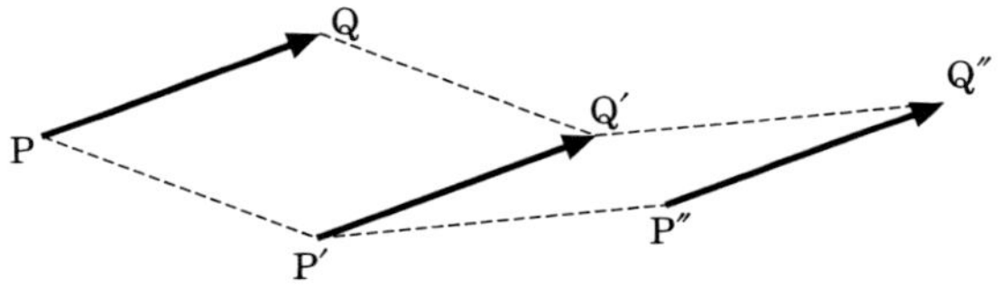

図 1.2　平行移動で移りあう有向線分

ベクトル $\boldsymbol{a}$ に対して，その大きさを $|\boldsymbol{a}|$ で表す．特別なベクトルとして，大きさが 0 のベクトルも考える．これを**零ベクトル**と呼び，$\boldsymbol{0}$ で表す．

ベクトル $\boldsymbol{a}, \boldsymbol{b}$ に対し，和 $\boldsymbol{a}+\boldsymbol{b}$ を次の手順で定める．

(1) $(\overrightarrow{\mathrm{PQ}}) = \boldsymbol{a}$ となる有向線分 $\overrightarrow{\mathrm{PQ}}$ を選ぶ．
(2) $(\overrightarrow{\mathrm{QR}}) = \boldsymbol{b}$ となる点 R をとる．
(3) $\boldsymbol{a}+\boldsymbol{b} = (\overrightarrow{\mathrm{PR}})$ と定める．

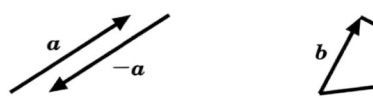

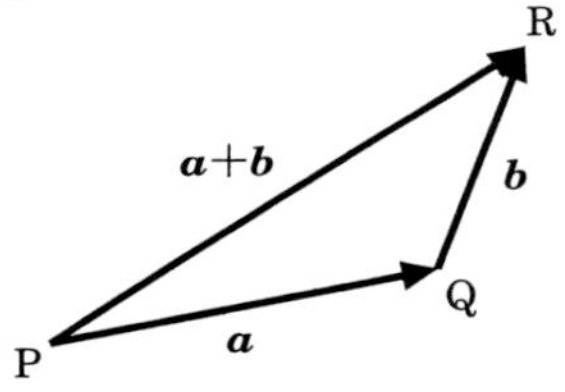

図 1.3　$\boldsymbol{a}+\boldsymbol{b}$

命題 1.1　ベクトルの和に関して次の等式が成立する．

$$\boldsymbol{a}+\boldsymbol{b} = \boldsymbol{b}+\boldsymbol{a}, \quad (\boldsymbol{a}+\boldsymbol{b})+\boldsymbol{c} = \boldsymbol{a}+(\boldsymbol{b}+\boldsymbol{c}), \quad \boldsymbol{a}+\boldsymbol{0} = \boldsymbol{a}$$

問：上の命題を有向線分を使って図で確かめよ．

$\boldsymbol{a} = (\overrightarrow{\mathrm{PQ}})$ に対し $-\boldsymbol{a} = (\overrightarrow{\mathrm{QP}})$ と定める．$\boldsymbol{a}+(-\boldsymbol{b}) = \boldsymbol{a}-\boldsymbol{b}$ と書く．$\boldsymbol{a}-\boldsymbol{a} = \boldsymbol{0}$ が成り立つ．

図 1.4　$-\boldsymbol{a}$ および $\boldsymbol{a}-\boldsymbol{b}$

ベクトル $\boldsymbol{a}$ とスカラー λ に対し，$\lambda\boldsymbol{a}$ を次で定める．

$$\lambda \boldsymbol{a} = \begin{cases} \text{長さ } \lambda|\boldsymbol{a}| \text{ の } \boldsymbol{a} \text{ 方向のベクトル} & (\lambda > 0 \text{ のとき}) \\ \text{長さ } |\lambda||\boldsymbol{a}| \text{ の } -\boldsymbol{a} \text{ 方向のベクトル} & (\lambda < 0 \text{ のとき}) \\ \boldsymbol{0} & (\lambda = 0 \text{ のとき}) \end{cases}$$

命題 1.2　スカラー λ, μ とベクトル $\boldsymbol{a}, \boldsymbol{b}$ に対して，次の等式が成立する．

$$\lambda(\boldsymbol{a}+\boldsymbol{b}) = \lambda\boldsymbol{a} + \lambda\boldsymbol{b},\ (\lambda+\mu)\boldsymbol{a} = \lambda\boldsymbol{a} + \mu\boldsymbol{a},\ (\lambda\mu)\boldsymbol{a} = \lambda(\mu\boldsymbol{a})$$

問：上の命題を有向線分を使って図で確かめよ．

2　一次独立性

2 つのベクトルが**平行**であるとは，一方が他方のスカラー倍であることを意味する．2 つのベクトルが平行ではないとき，それらは**一次独立**であるという．

今，一次独立な 2 つのベクトル $\boldsymbol{a}, \boldsymbol{b}$ が与えられたとする．このとき，$\boldsymbol{a}, \boldsymbol{b}$ を始点が一致するような有向線分で表すと，それらを隣り合う辺としてもつ平行四辺形が定まる．これを $\boldsymbol{a}, \boldsymbol{b}$ の**張る平行四辺形**と呼ぶ．また，その平行四辺形を含む平面を $\boldsymbol{a}, \boldsymbol{b}$ の**張る平面**と呼ぶ．

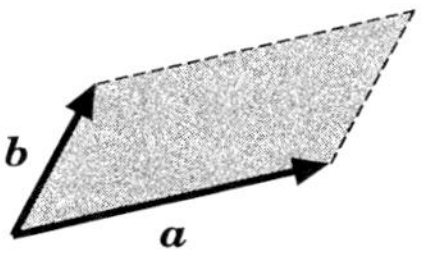

図 1.5　$\boldsymbol{a}, \boldsymbol{b}$ の張る平行四辺形

命題 1.3　2 つのベクトル $\boldsymbol{a}, \boldsymbol{b}$ が一次独立ならば，$\boldsymbol{a}, \boldsymbol{b}$ の張る平面上の任意のベクトル $\boldsymbol{p}$ は 2 つの実数 x, y を用いて

$$\boldsymbol{p} = x\boldsymbol{a} + y\boldsymbol{b} \tag{1.1}$$

と書くことができる．このときの x, y は一意に決まる．

問：上の命題を有向線分を使って図で確かめよ．

3つのベクトルが同一平面上の有向線分で表せないとき，このような場合も，それらは**一次独立**であるという．

> **命題 1.4**　3つのベクトル $\boldsymbol{a}, \boldsymbol{b}, \boldsymbol{c}$ が一次独立ならば，任意のベクトル $\boldsymbol{p}$ は3つの実数 x, y, z を用いて
>
> $$\boldsymbol{p} = x\boldsymbol{a} + y\boldsymbol{b} + z\boldsymbol{c} \tag{1.2}$$
>
> と書くことができる．このときの x, y, z は一意に決まる．

式 (1.1) の右辺の形のベクトルを $\boldsymbol{a}, \boldsymbol{b}$ の**一次結合**と呼ぶ．また，同様に，式 (1.2) の右辺の形のベクトルを $\boldsymbol{a}, \boldsymbol{b}, \boldsymbol{c}$ の一次結合と呼ぶ．

(2つないし3つの) ベクトルが一次独立ではないとき，それらは**一次従属**であるという．

3　右手系，基本ベクトル

$\boldsymbol{a}$, $\boldsymbol{b}$ の張る平面を $\{\boldsymbol{a}, \boldsymbol{b}\}$ と書くことにする．$\boldsymbol{a}$, $\boldsymbol{b}$ の順が反時計回りに見える側を $\{\boldsymbol{a}, \boldsymbol{b}\}$ の表 (おもて) と呼び，その反対側を裏 (うら) と呼ぼう．このように表裏の区別をつけた平面のことを**向きづけられた**平面と呼ぶ．$\{\boldsymbol{a}, \boldsymbol{b}\}$ と $\{\boldsymbol{b}, \boldsymbol{a}\}$ とでは表裏が逆になっていることを注意しておく．つまり，向きづけられた平面としては $\{\boldsymbol{a}, \boldsymbol{b}\}$ と $\{\boldsymbol{b}, \boldsymbol{a}\}$ は別物と解釈するのである．

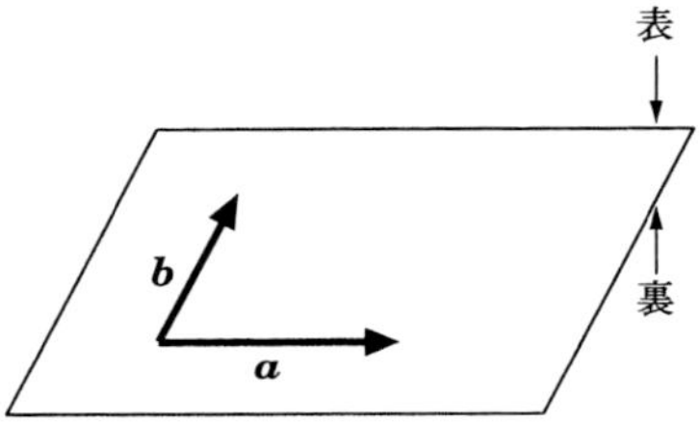

図 1.6　向きづけられた平面 $\{\boldsymbol{a}, \boldsymbol{b}\}$

一次独立な3つのベクトル $\boldsymbol{a}$, $\boldsymbol{b}$, $\boldsymbol{c}$ を，始点が一致する有向線分で表したとき，$\{\boldsymbol{a}, \boldsymbol{b}\}$ の表側に $\boldsymbol{c}$ があるならば，$\boldsymbol{a}$, $\boldsymbol{b}$, $\boldsymbol{c}$ は**右手系**をなすという．この用語は $\boldsymbol{a}$,

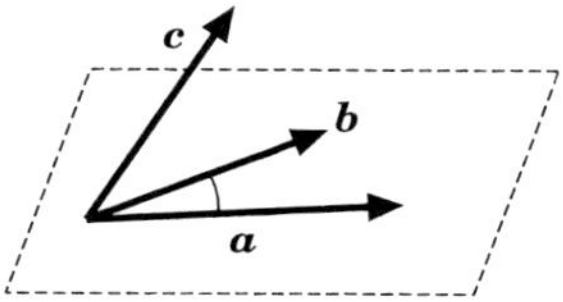

図 1.7　右手系 $\boldsymbol{a}, \boldsymbol{b}, \boldsymbol{c}$

$\boldsymbol{b}$, $\boldsymbol{c}$ の順が右手の親指, 人差指, 中指に同じ順であることからきている.

定義 1.1　3 つのベクトルが，それぞれ長さ 1 で，互いに直交し，右手系をなすとき，それらを**基本ベクトル**と呼び，通常 $\boldsymbol{i}$, $\boldsymbol{j}$, $\boldsymbol{k}$ で表す.

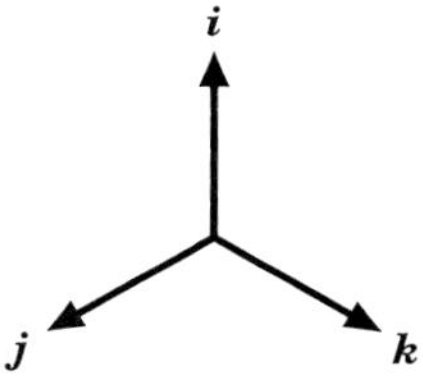

図 1.8　基本ベクトル

明らかに基本ベクトル $\boldsymbol{i}$, $\boldsymbol{j}$, $\boldsymbol{k}$ は一次独立だから，任意のベクトル $\boldsymbol{a}$ に対して，3 つの実数 a_1, a_2, a_3 が一意に定まって

$$\boldsymbol{a} = a_1\boldsymbol{i} + a_2\boldsymbol{j} + a_3\boldsymbol{k}$$

と表示できる．このとき，

$$\boldsymbol{a} = \begin{pmatrix} a_1 \\ a_2 \\ a_3 \end{pmatrix} \quad \text{または} \quad \boldsymbol{a} = (a_1,\ a_2,\ a_3) \tag{1.3}$$

のようにも書く．式(1.3) をベクトル $\boldsymbol{a}$ の（ $\boldsymbol{i}$, $\boldsymbol{j}$, $\boldsymbol{k}$ に関する）**成分表示**と呼ぶ.
基本ベクトル自身の成分表示は

$$\boldsymbol{i} = \begin{pmatrix} 1 \\ 0 \\ 0 \end{pmatrix}, \qquad \boldsymbol{j} = \begin{pmatrix} 0 \\ 1 \\ 0 \end{pmatrix}, \qquad \boldsymbol{k} = \begin{pmatrix} 0 \\ 0 \\ 1 \end{pmatrix}$$

となる．

ベクトルを成分表示したときは，和やスカラー倍は成分ごとに和，スカラー倍すればよい．

練習問題 1.1

〔**1**〕平行四辺形の対角線は互いに他を二等分することを示せ．

〔**2**〕平行六面体の 4 つの対角線は 1 点で交わり，その点は各対角線の中点であることを示せ．

〔**3**〕ベクトル $\boldsymbol{a}$, $\boldsymbol{b}$ をある基本ベクトル $\boldsymbol{i}$, $\boldsymbol{j}$, $\boldsymbol{k}$ に関して成分表示して，$\boldsymbol{a} = (a_1, a_2, a_3)$, $\boldsymbol{b} = (b_1, b_2, b_3)$ であるとき，$\boldsymbol{a} + \boldsymbol{b}$ および $\lambda\boldsymbol{a}$ の成分表示は次で与えられることを示せ．

$$\boldsymbol{a} + \boldsymbol{b} = (a_1 + b_1, a_2 + b_2, a_3 + b_3), \quad \lambda\boldsymbol{a} = (\lambda a_1, \lambda a_2, \lambda a_3)$$

〔**4**〕ベクトル $\boldsymbol{a} = a_1\boldsymbol{i} + a_2\boldsymbol{j} + a_3\boldsymbol{k}$, $\boldsymbol{b} = b_1\boldsymbol{i} + b_2\boldsymbol{j} + b_3\boldsymbol{k}$, $\boldsymbol{c} = c_1\boldsymbol{i} + c_2\boldsymbol{j} + c_3\boldsymbol{k}$ に対して，次を証明せよ．

(1) $\boldsymbol{a}$, $\boldsymbol{b}$ が一次独立 $\iff \operatorname{rank}\begin{pmatrix} a_1 & b_1 \\ a_2 & b_2 \\ a_3 & b_3 \end{pmatrix} = 2$

(2) $\boldsymbol{a}$, $\boldsymbol{b}$, $\boldsymbol{c}$ が一次独立 $\iff \operatorname{rank}\begin{pmatrix} a_1 & b_1 & c_1 \\ a_2 & b_2 & c_2 \\ a_3 & b_3 & c_3 \end{pmatrix} = 3$

1.2 内積，外積

1 内積

2 つのベクトル $\boldsymbol{a}, \boldsymbol{b}$ の交角 (なす角) を θ $(0 \leq \theta \leq \pi)$ とすれば，余弦定理により，

$$|\boldsymbol{a}||\boldsymbol{b}|\cos\theta = \frac{1}{2}\left(|\boldsymbol{a}|^2 + |\boldsymbol{b}|^2 - |\boldsymbol{b}-\boldsymbol{a}|^2\right) \tag{1.4}$$

が成り立つ．式(1.4) の (両辺の) 値を $\boldsymbol{a}$ と $\boldsymbol{b}$ の**内積**(または**スカラー積**) と呼び，$\boldsymbol{a}\cdot\boldsymbol{b}$ または $(\boldsymbol{a},\boldsymbol{b})$ で表す．$\boldsymbol{0}$ でない 2 つのベクトル $\boldsymbol{a},\boldsymbol{b}$ のなす角が $\dfrac{\pi}{2}(=90^\circ)$ のとき $\boldsymbol{a}$ と $\boldsymbol{b}$ は垂直であるといい，$\boldsymbol{a}\perp\boldsymbol{b}$ と書く．

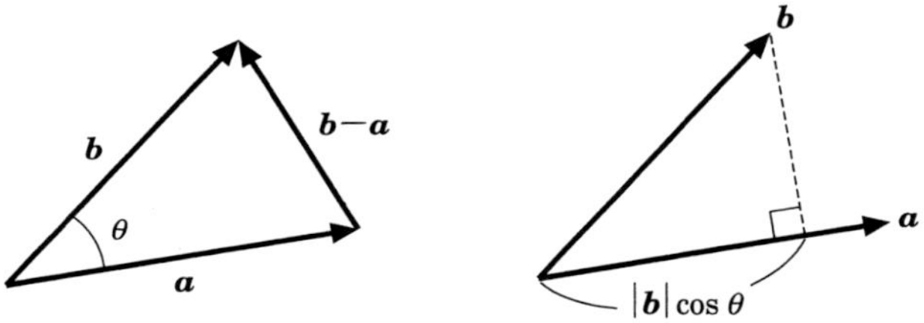

図 **1.9**　内積 $\boldsymbol{a}\cdot\boldsymbol{b}$

命題 1.5　内積は次の性質をもつ．

(1) $\boldsymbol{a}\cdot\boldsymbol{a} = |\boldsymbol{a}|^2 \geq 0$　等号成立は $\boldsymbol{a}=\boldsymbol{0}$ のときに限る．

(2) $\boldsymbol{a}\perp\boldsymbol{b} \iff \boldsymbol{a}\cdot\boldsymbol{b}=0$

(3) $\lambda(\boldsymbol{a}\cdot\boldsymbol{b}) = \lambda\boldsymbol{a}\cdot\boldsymbol{b} = \boldsymbol{a}\cdot\lambda\boldsymbol{b}$,　$(\boldsymbol{a}+\boldsymbol{b})\cdot\boldsymbol{c} = \boldsymbol{a}\cdot\boldsymbol{c}+\boldsymbol{b}\cdot\boldsymbol{c}$,　$\boldsymbol{a}\cdot\boldsymbol{b}=\boldsymbol{b}\cdot\boldsymbol{a}$

問：上の命題を示せ．

例題 1.1　$\boldsymbol{a}$ と $\boldsymbol{b}$ の張る平行四辺形の面積 S を求めよ．

(解答)　$\boldsymbol{a}, \boldsymbol{b}$ の交角を θ とすれば $S = |\boldsymbol{a}||\boldsymbol{b}|\sin\theta$ だから

$$S^2 = |\boldsymbol{a}|^2|\boldsymbol{b}|^2(1-\cos^2\theta) = |\boldsymbol{a}|^2|\boldsymbol{b}|^2 - (\boldsymbol{a}\cdot\boldsymbol{b})^2 = \begin{vmatrix} \boldsymbol{a}\cdot\boldsymbol{a} & \boldsymbol{a}\cdot\boldsymbol{b} \\ \boldsymbol{a}\cdot\boldsymbol{b} & \boldsymbol{b}\cdot\boldsymbol{b} \end{vmatrix}$$

したがって，

$$S = \sqrt{|\boldsymbol{a}|^2|\boldsymbol{b}|^2 - (\boldsymbol{a}\cdot\boldsymbol{b})^2} = \sqrt{\begin{vmatrix} \boldsymbol{a}\cdot\boldsymbol{a} & \boldsymbol{a}\cdot\boldsymbol{b} \\ \boldsymbol{a}\cdot\boldsymbol{b} & \boldsymbol{b}\cdot\boldsymbol{b} \end{vmatrix}}$$ （解答終）

次に，ベクトルを基本ベクトル $\boldsymbol{i}, \boldsymbol{j}, \boldsymbol{k}$ に関して成分表示した場合に内積がどのように表されるかを考える．まず，

$$\boldsymbol{i}\cdot\boldsymbol{i} = \boldsymbol{j}\cdot\boldsymbol{j} = \boldsymbol{k}\cdot\boldsymbol{k} = 1, \quad \boldsymbol{i}\cdot\boldsymbol{j} = \boldsymbol{j}\cdot\boldsymbol{k} = \boldsymbol{k}\cdot\boldsymbol{i} = 0 \tag{1.5}$$

であることに注意しておく．

$$\boldsymbol{a} = a_1\boldsymbol{i} + a_2\boldsymbol{j} + a_3\boldsymbol{k} = (a_1, a_2, a_3)$$
$$\boldsymbol{b} = b_1\boldsymbol{i} + b_2\boldsymbol{j} + b_3\boldsymbol{k} = (b_1, b_2, b_3)$$

に対して，$\boldsymbol{a}\cdot\boldsymbol{b}$ を命題 1.5 と式 (1.5) を使って計算すると，次のようになる．

$$\boldsymbol{a}\cdot\boldsymbol{b} = a_1b_1 + a_2b_2 + a_3b_3 \tag{1.6}$$

このことから，

$$|\boldsymbol{a}| = \sqrt{a_1^2 + a_2^2 + a_3^2} \tag{1.7}$$

であることも分かる．

2 外積

定義 1.2 2 つの一次独立なベクトル $\boldsymbol{a}, \boldsymbol{b}$ の**外積**(または**ベクトル積**) $\boldsymbol{a}\times\boldsymbol{b}$ とは，次の 3 つの条件で特徴づけられるベクトルである．

(1) $\boldsymbol{a}\times\boldsymbol{b}$ は $\boldsymbol{a}$ にも $\boldsymbol{b}$ にも垂直である．

(2) $\boldsymbol{a}, \boldsymbol{b}, \boldsymbol{a} \times \boldsymbol{b}$ は右手系をなす．

(3) $\boldsymbol{a} \times \boldsymbol{b}$ の長さは，$\boldsymbol{a}, \boldsymbol{b}$ の張る平行四辺形の面積に等しい．

また，$\boldsymbol{a}, \boldsymbol{b}$ が一次従属であるとき，すなわち平行のときは $\boldsymbol{a} \times \boldsymbol{b} = \boldsymbol{0}$ と定める．

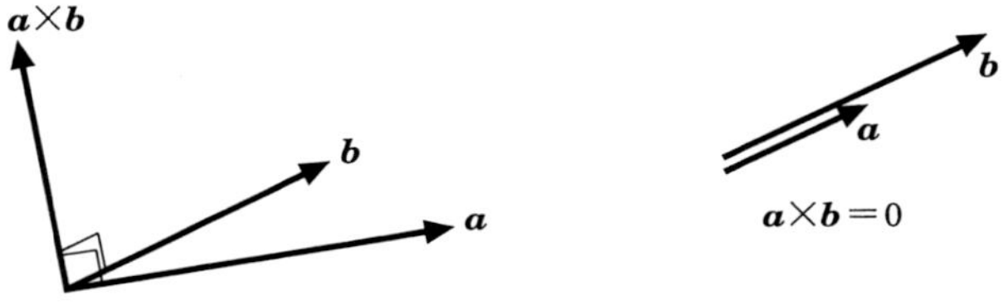

図 1.10　外積 $\boldsymbol{a} \times \boldsymbol{b}$

内積がスカラーを定めたのに対し，外積はベクトルを定める．そのようなわけで，内積をスカラー積，外積をベクトル積，とも呼ぶのである．

命題 1.6　外積は次の性質をもつ．

(1) $\boldsymbol{a} \times \boldsymbol{b} = -\boldsymbol{b} \times \boldsymbol{a}$

(2) $(\lambda \boldsymbol{a}) \times \boldsymbol{b} = \boldsymbol{a} \times (\lambda \boldsymbol{b}) = \lambda(\boldsymbol{a} \times \boldsymbol{b})$

(3) $\boldsymbol{a} \times (\boldsymbol{b} + \boldsymbol{c}) = \boldsymbol{a} \times \boldsymbol{b} + \boldsymbol{a} \times \boldsymbol{c}$

問：上の命題を図を描いて確かめよ．

補題 1.1　基本ベクトルに対し次が成り立つ．

$$\boldsymbol{i} \times \boldsymbol{i} = \boldsymbol{j} \times \boldsymbol{j} = \boldsymbol{k} \times \boldsymbol{k} = \boldsymbol{0},$$

$$\boldsymbol{i} \times \boldsymbol{j} = \boldsymbol{k}, \quad \boldsymbol{j} \times \boldsymbol{k} = \boldsymbol{i}, \quad \boldsymbol{k} \times \boldsymbol{i} = \boldsymbol{j}$$

問：上の補題を図を描いて確かめよ．

命題 1.7　$\boldsymbol{a} = a_1\boldsymbol{i} + a_2\boldsymbol{j} + a_3\boldsymbol{k}$, $\boldsymbol{b} = b_1\boldsymbol{i} + b_2\boldsymbol{j} + b_3\boldsymbol{k}$ に対して，外積 $\boldsymbol{a} \times \boldsymbol{b}$ は次の式で求められる．

$$\begin{aligned}\boldsymbol{a} \times \boldsymbol{b} &= \begin{vmatrix} a_2 & b_2 \\ a_3 & b_3 \end{vmatrix} \boldsymbol{i} + \begin{vmatrix} a_3 & b_3 \\ a_1 & b_1 \end{vmatrix} \boldsymbol{j} + \begin{vmatrix} a_1 & b_1 \\ a_2 & b_2 \end{vmatrix} \boldsymbol{k} \\ &= \begin{vmatrix} \boldsymbol{i} & a_1 & b_1 \\ \boldsymbol{j} & a_2 & b_2 \\ \boldsymbol{k} & a_3 & b_3 \end{vmatrix} = \begin{vmatrix} \boldsymbol{i} & \boldsymbol{j} & \boldsymbol{k} \\ a_1 & a_2 & a_3 \\ b_1 & b_2 & b_3 \end{vmatrix}\end{aligned}$$

問：上の命題を示せ.

練習問題 1.2

〔**1**〕 式(1.6) および 式(1.7) を確かめよ．

〔**2**〕 次のベクトル $\boldsymbol{a}, \boldsymbol{b}$ に対して，内積 $\boldsymbol{a} \cdot \boldsymbol{b}$，大きさ $|\boldsymbol{a}|, |\boldsymbol{b}|$ および外積 $\boldsymbol{a} \times \boldsymbol{b}$ をそれぞれ計算せよ．

(1) $\boldsymbol{a} = 2\boldsymbol{i} - 3\boldsymbol{j} + 4\boldsymbol{k}, \boldsymbol{b} = -\boldsymbol{i} + \boldsymbol{j} + 2\boldsymbol{k}$

(2) $\boldsymbol{a} = \boldsymbol{i} - \boldsymbol{j}, \boldsymbol{b} = \boldsymbol{j} + 2\boldsymbol{k}$

(3) $\boldsymbol{a} = (1, 3, -1), \boldsymbol{b} = (-2, 1, 1)$

(4) $\boldsymbol{a} = (2, 3, 0), \boldsymbol{b} = (3, 1, 0)$

〔**3**〕 等式 $|\boldsymbol{a} + \boldsymbol{b}|^2 = |\boldsymbol{a}|^2 + 2\boldsymbol{a} \cdot \boldsymbol{b} + |\boldsymbol{b}|^2$ を示せ．

〔**4**〕 等式 $|\boldsymbol{a} + \boldsymbol{b}|^2 + |\boldsymbol{a} - \boldsymbol{b}|^2 = 2(|\boldsymbol{a}|^2 + |\boldsymbol{b}|^2)$ を示せ．

〔**5**〕 問題〔4〕の等式を平行四辺形に関する命題に翻訳せよ．

〔**6**〕 ひし形の対角線は直交することを示せ．

〔**7**〕 $\boldsymbol{a}, \boldsymbol{b}, \boldsymbol{c}$ が右手系であること，$\boldsymbol{b}, \boldsymbol{c}, \boldsymbol{a}$ が右手系であること，$\boldsymbol{c}, \boldsymbol{a}, \boldsymbol{b}$ が右手系であること，は同値であることを図を描いて確認せよ．

〔**8**〕 $\boldsymbol{a} + \boldsymbol{b} + \boldsymbol{c} = \boldsymbol{0}$ ならば $\boldsymbol{a} \times \boldsymbol{b} = \boldsymbol{b} \times \boldsymbol{c} = \boldsymbol{c} \times \boldsymbol{a}$ を示せ．

〔**9**〕 $\boldsymbol{a}, \boldsymbol{b}, \boldsymbol{c}$ が右手系であること $\iff (\boldsymbol{a} \times \boldsymbol{b}) \cdot \boldsymbol{c} > 0$，を示せ．

〔**10**〕 $\boldsymbol{a}, \boldsymbol{b}, \boldsymbol{c}$ が右手系のとき，$\boldsymbol{a}, \boldsymbol{b}, \boldsymbol{c}$ の張る平行六面体の体積は $(\boldsymbol{a} \times \boldsymbol{b}) \cdot \boldsymbol{c}$ で与えられることを示せ．

〔**11**〕 $(\boldsymbol{a} \times \boldsymbol{b}) \cdot \boldsymbol{c} = (\boldsymbol{b} \times \boldsymbol{c}) \cdot \boldsymbol{a} = (\boldsymbol{c} \times \boldsymbol{a}) \cdot \boldsymbol{b}$ を示せ．

〔**12**〕 $\boldsymbol{a} \times (\boldsymbol{b} \times \boldsymbol{c}) = (\boldsymbol{a} \cdot \boldsymbol{c})\boldsymbol{b} - (\boldsymbol{a} \cdot \boldsymbol{b})\boldsymbol{c}$ を示せ．

〔**13**〕 $\boldsymbol{a} \times (\boldsymbol{b} \times \boldsymbol{c}) + \boldsymbol{b} \times (\boldsymbol{c} \times \boldsymbol{a}) + \boldsymbol{c} \times (\boldsymbol{a} \times \boldsymbol{b}) = \boldsymbol{0}$ を示せ．

1.3 基本ベクトルと直交座標系

空間内に 1 点 O を固定しておく．任意の点 P に対して，ベクトル $(\overrightarrow{\mathrm{OP}})$ を P の**位置ベクトル**と呼ぶ．このときの O を**原点**と呼ぶ．

さらに，基本ベクトル $\boldsymbol{i}, \boldsymbol{j}, \boldsymbol{k}$ も一組固定しておく．このとき，任意の点 P に対し，その位置ベクトル $(\overrightarrow{\mathrm{OP}})$ の成分表示により，実数の三つ組みが一意に定まった．すなわち，$(\overrightarrow{\mathrm{OP}}) = p_1\boldsymbol{i} + p_2\boldsymbol{j} + p_3\boldsymbol{k}$ のとき，点 P に (p_1, p_2, p_3) を対応させる．逆に，実数の三つ組みが与えられたとき，それが $(\overrightarrow{\mathrm{OP}})$ の成分表示となる点 P が 1 点定まる．

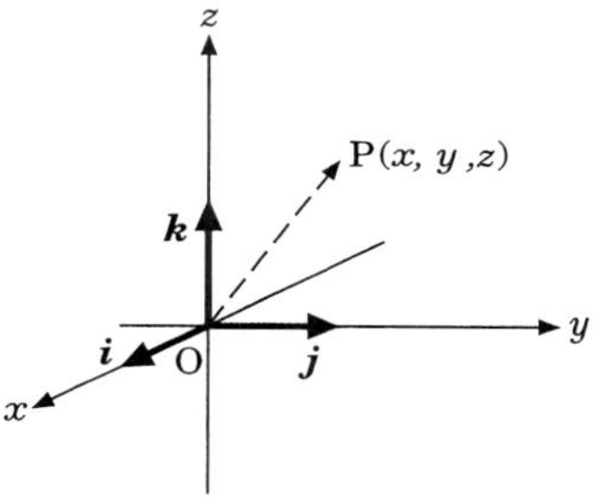

図 1.11　直交座標系

つまり，原点 O と基本ベクトル $\boldsymbol{i}, \boldsymbol{j}, \boldsymbol{k}$ を固定することにより，空間内の点と実数の三つ組みが 1 対 1 に対応する．

定義 1.3　空間に原点 O と基本ベクトル $\boldsymbol{i}, \boldsymbol{j}, \boldsymbol{k}$ を固定することを**直交座標系を固定する**といい，このとき各点 P に対応する実数の三つ組みを点 P の**座標**と呼ぶ．通常，任意の点の座標は (x, y, z) と表すことが多い．そのようなわけで，“直交座標系 (x, y, z)” や “xyz 空間” といった言葉の使い方もする．

二組の基本ベクトル $\boldsymbol{i}, \boldsymbol{j}, \boldsymbol{k}$ と $\boldsymbol{i}', \boldsymbol{j}', \boldsymbol{k}'$ があるときに，これらはどのように関連づいているか見てみよう．

$\boldsymbol{i}', \boldsymbol{j}', \boldsymbol{k}'$ のそれぞれを $\boldsymbol{i}, \boldsymbol{j}, \boldsymbol{k}$ の一次結合で表したものを

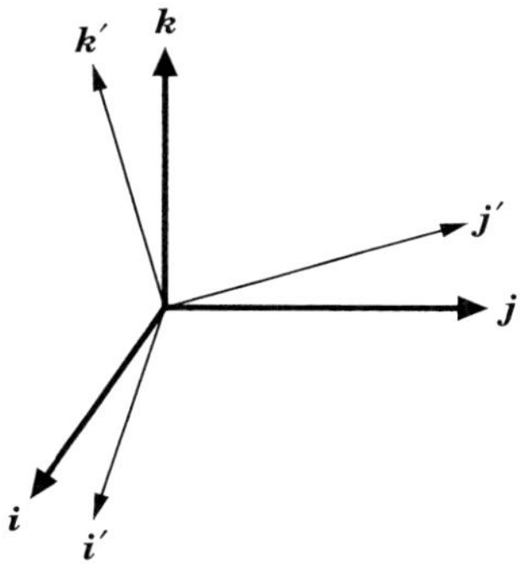

図 1.12　二組の基本ベクトル

$$\boldsymbol{i}' = a_{11}\boldsymbol{i} + a_{12}\boldsymbol{j} + a_{13}\boldsymbol{k}$$

$$\boldsymbol{j}' = a_{21}\boldsymbol{i} + a_{22}\boldsymbol{j} + a_{23}\boldsymbol{k}$$

$$\boldsymbol{k}' = a_{31}\boldsymbol{i} + a_{32}\boldsymbol{j} + a_{33}\boldsymbol{k}$$

とおく．これらは 3×3 行列 $A = (a_{ij})$ により，

$$\begin{pmatrix} \boldsymbol{i}' \\ \boldsymbol{j}' \\ \boldsymbol{k}' \end{pmatrix} = A \begin{pmatrix} \boldsymbol{i} \\ \boldsymbol{j} \\ \boldsymbol{k} \end{pmatrix} \tag{1.8}$$

と表すことができる．式 (1.8) の両辺の転置をとれば

$$(\boldsymbol{i}', \boldsymbol{j}', \boldsymbol{k}') = (\boldsymbol{i}, \boldsymbol{j}, \boldsymbol{k})\, {}^t\!A$$

と表すこともできる．ここで，${}^t\!A$ は A の転置行列である．

基本ベクトルは互いに垂直で長さ 1 だから，次の計算式が成り立つ (ただし，行列の積とベクトルの内積を組み合わせて計算する)．

$$I = \begin{pmatrix} \boldsymbol{i}' \\ \boldsymbol{j}' \\ \boldsymbol{k}' \end{pmatrix} (\boldsymbol{i}', \boldsymbol{j}', \boldsymbol{k}') = A \begin{pmatrix} \boldsymbol{i} \\ \boldsymbol{j} \\ \boldsymbol{k} \end{pmatrix} (\boldsymbol{i}, \boldsymbol{j}, \boldsymbol{k})\, {}^t\!A = A\, {}^t\!A$$

ここで I は単位行列である．したがって，A は直交行列である．

また，基本ベクトルの張る平行六面体は 1 辺の長さ 1 の立方体だから体積 1 である．したがって，$\boldsymbol{i}' \cdot (\boldsymbol{j}' \times \boldsymbol{k}') = \boldsymbol{i} \cdot (\boldsymbol{j} \times \boldsymbol{k}) = 1$ である (練習問題 1.2 の〔9〕，〔10〕参照)．これより，$\det A = 1$ であることが確かめられる．

ここまでで分かったことをまとめておく．

補題 1.2　二組の基本ベクトル $\boldsymbol{i}, \boldsymbol{j}, \boldsymbol{k}$ と $\boldsymbol{i}', \boldsymbol{j}', \boldsymbol{k}'$ に対して，$\det A = 1$ である直交行列 A が一意に存在して

$$\begin{pmatrix} \boldsymbol{i}' \\ \boldsymbol{j}' \\ \boldsymbol{k}' \end{pmatrix} = A \begin{pmatrix} \boldsymbol{i} \\ \boldsymbol{j} \\ \boldsymbol{k} \end{pmatrix} \tag{1.9}$$

が成立する．この行列 A を基本ベクトルの**変換行列**と呼ぶ．

式(1.9) の両辺に，右から $(\boldsymbol{i}, \boldsymbol{j}, \boldsymbol{k})$ を掛けて，

$$\begin{pmatrix} \boldsymbol{i}' \\ \boldsymbol{j}' \\ \boldsymbol{k}' \end{pmatrix} (\boldsymbol{i}, \boldsymbol{j}, \boldsymbol{k}) = A$$

である．A は直交行列であったから，逆行列 A^{-1} は

$$A^{-1} = {}^t A = \begin{pmatrix} \boldsymbol{i} \\ \boldsymbol{j} \\ \boldsymbol{k} \end{pmatrix} (\boldsymbol{i}', \boldsymbol{j}', \boldsymbol{k}') \tag{1.10}$$

である．

次に，図 1.13 のように 2 つの直交座標系があったとき，それらがどのように関連しているか見てみよう．

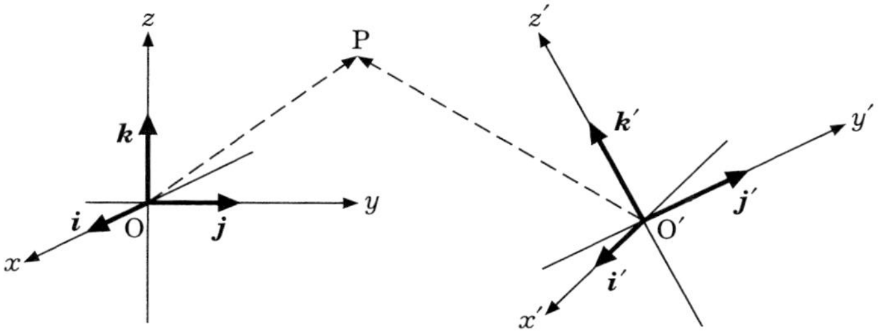

図 **1.13**　2 つの直交座標系

P を任意の点とする．$\mathrm{O}, \boldsymbol{i}, \boldsymbol{j}, \boldsymbol{k}$ により定まる直交座標系による P の座標を (x, y, z) とし，$\mathrm{O}', \boldsymbol{i}', \boldsymbol{j}', \boldsymbol{k}'$ により定まる直交座標系による P の座標を (x', y', z')

とする．すなわち，

$$(\overrightarrow{\mathrm{OP}}) = x\boldsymbol{i} + y\boldsymbol{j} + z\boldsymbol{k}$$
$$(\overrightarrow{\mathrm{O'P'}}) = x'\boldsymbol{i}' + y'\boldsymbol{j}' + z'\boldsymbol{k}'$$

とする．今，$(\overrightarrow{\mathrm{OO'}}) = \boldsymbol{c} = c_1\boldsymbol{i} + c_2\boldsymbol{j} + c_3\boldsymbol{k}$ と書くことにすれば，$(\overrightarrow{\mathrm{OP}}) = (\overrightarrow{\mathrm{OO'}}) + (\overrightarrow{\mathrm{O'P}})$ だから，

$$x\boldsymbol{i} + y\boldsymbol{j} + z\boldsymbol{k} = \boldsymbol{c} + x'\boldsymbol{i}' + y'\boldsymbol{j}' + z'\boldsymbol{k}'$$

である．これは次のように書くことができる．

$$(x, y, z)\begin{pmatrix}\boldsymbol{i}\\ \boldsymbol{j}\\ \boldsymbol{k}\end{pmatrix} = (c_1, c_2, c_3)\begin{pmatrix}\boldsymbol{i}\\ \boldsymbol{j}\\ \boldsymbol{k}\end{pmatrix} + (x', y', z')\begin{pmatrix}\boldsymbol{i}'\\ \boldsymbol{j}'\\ \boldsymbol{k}'\end{pmatrix}$$

さらに，補題 1.2 を使えば，

$$(x, y, z)\begin{pmatrix}\boldsymbol{i}\\ \boldsymbol{j}\\ \boldsymbol{k}\end{pmatrix} = (c_1, c_2, c_3)\begin{pmatrix}\boldsymbol{i}\\ \boldsymbol{j}\\ \boldsymbol{k}\end{pmatrix} + (x', y', z')A\begin{pmatrix}\boldsymbol{i}\\ \boldsymbol{j}\\ \boldsymbol{k}\end{pmatrix}$$

である．ゆえに，

$$(x, y, z) = (x', y', z')A + (c_1, c_2, c_3)$$

が成り立つ．この両辺に $\begin{pmatrix}\partial/\partial x'\\ \partial/\partial y'\\ \partial/\partial z'\end{pmatrix}$ を行列の積と偏微分を同時に行いながら作用させると

$$\begin{pmatrix}\partial/\partial x'\\ \partial/\partial y'\\ \partial/\partial z'\end{pmatrix}(x, y, z) = \begin{pmatrix}\partial/\partial x'\\ \partial/\partial y'\\ \partial/\partial z'\end{pmatrix}\{(x', y', z')A + (c_1, c_2, c_3)\}$$

より，

$$\begin{pmatrix} \partial x/\partial x' & \partial y/\partial x' & \partial z/\partial x' \\ \partial x/\partial y' & \partial y/\partial y' & \partial z/\partial y' \\ \partial x/\partial z' & \partial y/\partial z' & \partial z/\partial z' \end{pmatrix} = A \tag{1.11}$$

を得る．さらに，両辺の転置をとると，

$$\begin{pmatrix} \partial x/\partial x' & \partial x/\partial y' & \partial x/\partial z' \\ \partial y/\partial x' & \partial y/\partial y' & \partial y/\partial z' \\ \partial z/\partial x' & \partial z/\partial y' & \partial z/\partial z' \end{pmatrix} = {}^{t}A = A^{-1} \tag{1.12}$$

この左辺は座標変換の Jacobi 行列である．

以上の議論により，式(1.10) と式(1.12) に着目して次が得られた．

命題 1.8　(x, y, z) を $\mathrm{O}, \boldsymbol{i}, \boldsymbol{j}, \boldsymbol{k}$ により定まる直交座標系とし，(x', y', z') を $\mathrm{O}', \boldsymbol{i}', \boldsymbol{j}', \boldsymbol{k}'$ により定まる直交座標系とする．このとき，これらの座標変換の Jacobi 行列は次式で与えられる．

$$\begin{pmatrix} \partial x/\partial x' & \partial x/\partial y' & \partial x/\partial z' \\ \partial y/\partial x' & \partial y/\partial y' & \partial y/\partial z' \\ \partial z/\partial x' & \partial z/\partial y' & \partial z/\partial z' \end{pmatrix} = \begin{pmatrix} \boldsymbol{i} \\ \boldsymbol{j} \\ \boldsymbol{k} \end{pmatrix} (\boldsymbol{i}', \boldsymbol{j}', \boldsymbol{k}')$$

練習問題 1.3

〔**1**〕2 点 P, Q の位置ベクトルを $\boldsymbol{p}$, $\boldsymbol{q}$ とするとき, 線分 PQ の中点の位置ベクトルは $(\boldsymbol{p}+\boldsymbol{q})/2$ であることを示せ.

〔**2**〕3 点 P, Q, R の位置ベクトルを $\boldsymbol{p}$, $\boldsymbol{q}$, $\boldsymbol{r}$ とするとき, 三角形 PQR の重心の位置ベクトルを求めよ.

〔**3**〕2 点 $\mathrm{P}(p_1, p_2, p_3)$, $\mathrm{Q}(q_1, q_2, q_3)$ の距離を求めよ.

〔**4**〕3 点 $\mathrm{P}(1, 0, 1)$, $\mathrm{Q}(2, 1, 1)$, $\mathrm{R}(1, -1, -1)$ を頂点とする三角形の面積を求めよ.

〔**5**〕4 点 $\mathrm{P}(1, 0, 1)$, $\mathrm{Q}(2, 1, 1)$, $\mathrm{R}(1, -1, -1)$, $\mathrm{S}(-2, 1, 1)$ を頂点とする四面体の体積を求めよ.

1.4　直線と平面

1　直線

空間に直線 l が与えられているとしよう．l 上に任意に相異なる 2 点 P_0, P_1 をとり，P_0 の位置ベクトルを $\boldsymbol{p}_0$ とし，$(\overrightarrow{P_0P_1}) = \boldsymbol{a}$ とおく．このとき，l 上の任意の点 P の位置ベクトル $\boldsymbol{p}$ は，適当に実数 t を選べば

$$\boldsymbol{p} = \boldsymbol{p}_0 + t\boldsymbol{a} \qquad (1.13)$$

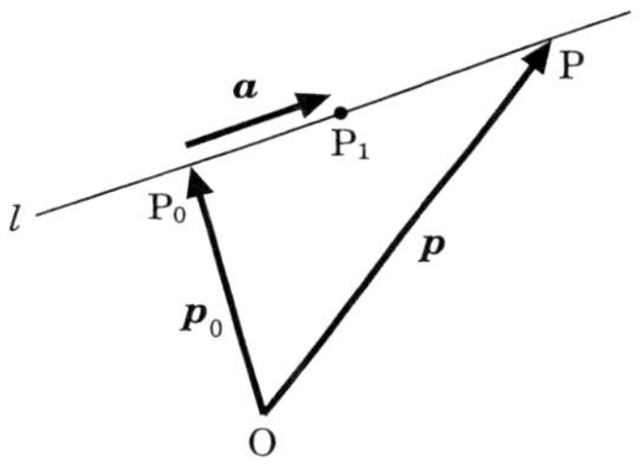

図 **1.14**　直線のベクトル表示

と書くことができる．逆に，すべての t に対して $\boldsymbol{p}_0 + t\boldsymbol{a}$ は必ず l 上の点を表す．

定義 1.4　式(1.13) を直線 l の**ベクトル表示** または**パラメータ表示**という．t を**パラメータ**(parameter)，$\boldsymbol{a}$ を**方向ベクトル**と呼ぶ．直線 l に対し，P_0 や P_1 の選び方に自由度があるから，そのパラメータ表示のしかたは一意的ではない．

例 1.1　2 点 A$(1, -1, 2)$, B$(-1, 2, 3)$ を通る直線 l は次のように表される．

$$l : \begin{pmatrix} x \\ y \\ z \end{pmatrix} = (\overrightarrow{OA}) + t(\overrightarrow{AB})$$

$$= \begin{pmatrix} 1 \\ -1 \\ 2 \end{pmatrix} + t\left\{\begin{pmatrix} -1 \\ 2 \\ 3 \end{pmatrix} - \begin{pmatrix} 1 \\ -1 \\ 2 \end{pmatrix}\right\} = \begin{pmatrix} 1 \\ -1 \\ 2 \end{pmatrix} + t\begin{pmatrix} -2 \\ 3 \\ 1 \end{pmatrix}$$

ほかにも，l は $(\overrightarrow{OB}) + t(\overrightarrow{AB})$ などで表してもよい．

上の例 1.1 で $x=1-2t$, $y=-1+3t$, $z=2+t$ だから, これらから t を消去して

$$\frac{x-1}{-2}=\frac{y+1}{3}=z-2 \tag{1.14}$$

が得られる．つまり，xyz 空間内の式(1.14) を満たす点全体が直線 l である．これを**直線の方程式**と呼ぶ.

より一般には, 点 (x_0, y_0, z_0) を通り, 方向ベクトルが $\begin{pmatrix} a \\ b \\ c \end{pmatrix}$ である直線の方程式は

$$\frac{x-x_0}{a}=\frac{y-y_0}{b}=\frac{z-z_0}{c} \tag{1.15}$$

で与えられる.

問：式(1.15) を示せ.

2 平面

空間に平面 Π が与えられているとしよう．Π 上に任意に 1 点 P_0 をとり, P_0 の位置ベクトルを $\boldsymbol{p}_0$ とする．さらに Π 上に 2 点 P_1, P_2 を, $\boldsymbol{a}=(\overrightarrow{\mathrm{P}_0\mathrm{P}_1})$ と $\boldsymbol{b}=(\overrightarrow{\mathrm{P}_0\mathrm{P}_2})$ が平行にならないように選ぶ．このとき, Π 上の任意の点 P の位置ベクトル $\boldsymbol{p}$ は, 適当な 2 つの実数 s, t により

$$\boldsymbol{p}=\boldsymbol{p}_0+s\boldsymbol{a}+t\boldsymbol{b} \tag{1.16}$$

と書くことができる．逆に, すべての実数 s, t に対して式(1.16) は必ず平面 Π 上の点の位置ベクトルを表す.

定義 1.5　式(1.16) を平面 Π の**ベクトル表示**または**パラメータ表示**と呼ぶ. 平面 Π に対し，そのパラメータ表示のしかたは一意ではない．式(1.16) で与えられる平面 Π は P_0 を通り $\boldsymbol{a}, \boldsymbol{b}$ で張られる平面といえる.

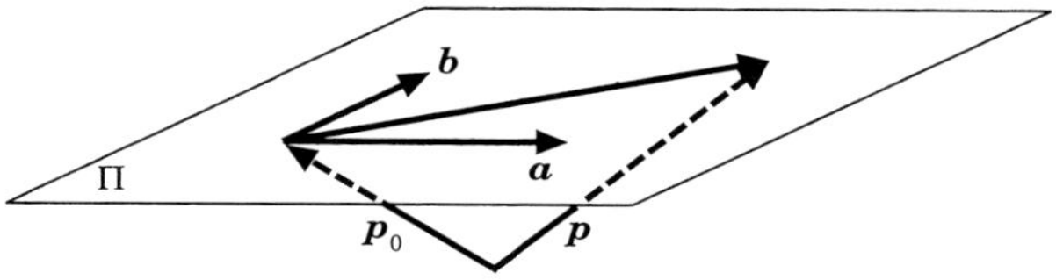

図 1.15　平面のベクトル表示

定義 1.6　平面 Π が与えられたとき，それに垂直なベクトル $\boldsymbol{n}$ が定数倍を除いて一意に定まる．$\boldsymbol{n}$ を Π の**法ベクトル**と呼ぶ．

例えば，平面が式 (1.16) で表示されているとき，$\boldsymbol{n}$ として $\boldsymbol{a}\times\boldsymbol{b}$ がとれる．

平面 Π 上の固定点 P_0 と任意点 P の位置ベクトルを $\boldsymbol{p}_0, \boldsymbol{p}$ としたとき，常に $(\boldsymbol{p}-\boldsymbol{p}_0)\perp\boldsymbol{n}$ が成り立つ．すなわち，

$$(\boldsymbol{p}-\boldsymbol{p}_0)\cdot\boldsymbol{n}=0 \tag{1.17}$$

である．今とくに $\boldsymbol{p}=\begin{pmatrix}x\\y\\z\end{pmatrix}, \boldsymbol{p}_0=\begin{pmatrix}x_0\\y_0\\z_0\end{pmatrix}, \boldsymbol{n}=\begin{pmatrix}a\\b\\c\end{pmatrix}$ とすれば，式(1.17) は

$$a(x-x_0)+b(y-y_0)+c(z-z_0)=0$$

である．さらに，定数 $ax_0+by_0+cz_0$ を d とおけば

$$ax+by+cz=d \tag{1.18}$$

となる．式(1.18) を **平面の方程式** と呼ぶ．

練習問題 1.4

〔**1**〕 xyz 空間の 2 点 $(2,3,-1)$, $(-1,1,1)$ を通る直線 l と xy 平面の交点の座標を求めよ.

〔**2**〕 xyz 空間の直線 $\dfrac{x+1}{2}=y-1=z+1$ と原点の距離を求めよ.

〔**3**〕 次の平面の方程式を求めよ.

(1) $(1,2,-1)$ を通り, $\begin{pmatrix}-1\\3\\2\end{pmatrix}$ に垂直な平面.

(2) パラメータ表示 $\begin{pmatrix}x\\y\\z\end{pmatrix}=\begin{pmatrix}-1\\0\\1\end{pmatrix}+s\begin{pmatrix}2\\0\\1\end{pmatrix}+t\begin{pmatrix}-1\\1\\2\end{pmatrix}$ により与えられる平面.

(3) 3 点 $(3,1,1)$, $(-1,2,0)$, $(0,0,1)$ を通る平面.

1.5 円, 球面

xy 平面上の方程式 $x^2+y^2=1$ の定める図形は, 原点 O を中心とする半径 1 の円である. これは, この円周上の任意の点が原点から距離 1 の位置にあるからである. $\boldsymbol{p}$ を円周上の任意点の位置ベクトルとすれば, $|\boldsymbol{p}|=1$ と書いてもよいわけである. もう少し一般的に考えると, 点 P_0 (位置ベクトルは $\boldsymbol{p}_0$) を中心とする半径 r の円周上の点の位置ベクトル $\boldsymbol{p}$ は

$$|\boldsymbol{p}-\boldsymbol{p}_0|=r \tag{1.19}$$

を満たすものと特徴づけられる. これを円の**ベクトル方程式**と呼ぶ.

次に直交座標系 (x,y) で考えてみる. $\boldsymbol{p}=\begin{pmatrix}x\\y\end{pmatrix}$, $\boldsymbol{p}_0=\begin{pmatrix}x_0\\y_0\end{pmatrix}$ とすれば, 式(1.19) は $\sqrt{(x-x_0)^2+(y-y_0)^2}=r$ となり, $r>0$ だから

$$(x-x_0)^2+(y-y_0)^2=r^2 \tag{1.20}$$

に同値である.

定義 1.7 式(1.20) を中心 (x_0,y_0), 半径 r の**円の方程式**と呼ぶ.

空間内の球面もある定点から一定の距離にある点集合と特徴づけられる. したがって, 球面の**ベクトル方程式**は

$$|\boldsymbol{p}-\boldsymbol{p}_0|=r$$

となり, 中心 (x_0,y_0,z_0), 半径 r の**球面の方程式**は

$$(x-x_0)^2+(y-y_0)^2+(z-z_0)^2=r^2$$

となる.

例題 1.2 中心 $\mathrm{A}(1,2,-1)$, 半径 $\sqrt{5}$ の球面を S とする. $\mathrm{P}(2,2,1)$ が S 上の点であることを示し, P における S の接平面 Π の方程式を求めよ.

（解答） S の方程式は $(x-1)^2+(y-2)^2+(z+1)^2=5$ であり, $(x,y,z)=(2,2,1)$ はこの式を満たす．ゆえに，P は S 上の点である．

Π の法ベクトルとして $\overrightarrow{\mathrm{AP}}=(1,0,2)$ がとれるから,

$$1(x-2)+0(y-2)+2(z-1)=0$$

$$\therefore x+2z=4$$

が Π の方程式である．（解答終）

練習問題 1.5

〔**1**〕 A, B を平面上の相異なる 2 点とし，それらの位置ベクトルを，それぞれ $\boldsymbol{a}, \boldsymbol{b}$ とする．線分 AB を直径とする円のベクトル方程式は $(\boldsymbol{p}-\boldsymbol{a})\cdot(\boldsymbol{p}-\boldsymbol{b})=0$ で与えられることを示せ．

〔**2**〕 xy 平面の 3 点 $(-1,0)$, $(2,-3)$, $(1,2)$ を通る円の方程式を求めよ．

〔**3**〕 円 $(x-3)^2+(y-2)^2=1$ に外接し，原点が中心の円の方程式を求めよ．

〔**4**〕 $x^2+4x+y^2-2y+z^2+2z+4=0$ で定まる図形は球面であることを，その中心と半径を求めることにより示せ．

〔**5**〕 球面 $x^2+y^2+z^2=r^2$ 上の点 (x_0,y_0,z_0) における接平面の方程式を求めよ．

〔**6**〕 次の条件を満たす球面の方程式をそれぞれ求めよ．

(1) 原点中心で，平面 $x+y+z=2$ に接する球面．

(2) 3 点 $(1,0,0)$, $(0,1,0)$, $(0,0,1)$ を通る円を大円とする球面．

1.6　ベクトル値関数

変数 t の値に応じてベクトル $\boldsymbol{A}$ が変化する規則が与えられているとき，$\boldsymbol{A}$ を (1 変数) **ベクトル値関数**と呼ぶ．$\boldsymbol{A} = \boldsymbol{A}(t)$ と書く．基本ベクトル $\boldsymbol{i}$，$\boldsymbol{j}$，$\boldsymbol{k}$ を用いれば

$$\boldsymbol{A}(t) = A_1(t)\boldsymbol{i} + A_2(t)\boldsymbol{j} + A_3(t)\boldsymbol{k}$$

と書くことができる．ここで，各 $A_j(t)$ は t の 1 変数関数である．

$$\boldsymbol{A}(t) = \begin{pmatrix} A_1(t) \\ A_2(t) \\ A_3(t) \end{pmatrix} \quad \text{または} \quad \boldsymbol{A}(t) = (A_1(t), A_2(t), A_3(t))$$

とも書く．

ベクトル値関数のスカラー関数倍, 足し算, 引き算が定義される．つまり，$\boldsymbol{A} = (A_1(t), A_2(t), A_3(t))$, $\boldsymbol{B} = (B_1(t), B_2(t), B_3(t))$, $f = f(t)$ に対して

$$f\boldsymbol{A} = (f(t)A_1(t), f(t)A_2(t), f(t)A_3(t))$$
$$\boldsymbol{A} \pm \boldsymbol{B} = (A_1(t) \pm B_1(t), A_2(t) \pm B_2(t), A_3(t) \pm B_3(t))$$

ベクトル値関数 $\boldsymbol{A}(t)$ が $t \to t_0$ のとき，ある定ベクトル $\boldsymbol{A}_0$ に**収束する**とは，等式

$$\lim_{t \to t_0} |\boldsymbol{A}(t) - \boldsymbol{A}_0| = 0$$

が成り立つことである．このとき $\boldsymbol{A}_0$ を**極限値**と呼び,

$$\lim_{t \to t_0} \boldsymbol{A}(t) = \boldsymbol{A}_0$$

と書く．これは $\boldsymbol{A}(t)$ の各成分が $\boldsymbol{A}_0$ の各成分にそれぞれ収束することに同値である．

ベクトル値関数 $\boldsymbol{A} = \boldsymbol{A}(t)$ の導関数は

$$\frac{d\boldsymbol{A}}{dt} = \lim_{h \to 0} \frac{\boldsymbol{A}(t+h) - \boldsymbol{A}(t)}{h} \tag{1.21}$$

により定義される．$d\boldsymbol{A}/dt$, $\boldsymbol{A}'$, $\boldsymbol{A}'(t)$ などでも表す．式 (1.21) は，成分表示すると

$$\frac{d\boldsymbol{A}}{dt} = A_1'(t)\boldsymbol{i} + A_2'(t)\boldsymbol{j} + A_3'(t)\boldsymbol{k}$$

つまり，ベクトル値関数の導関数は，各成分を微分することにより得られる．

例 1.2　$\boldsymbol{A}(t) = (t^2 - 3t)\boldsymbol{i} + \sin t\,\boldsymbol{j} + (e^t + 1)\boldsymbol{k}$ に対して，その導関数は

$$\boldsymbol{A}'(t) = (2t - 3)\boldsymbol{i} + \cos t\,\boldsymbol{j} + e^t\boldsymbol{k}$$

である．

ベクトル値関数の内積, 外積に対して，次の定理が成り立つ．

定理 1.1　スカラー値関数 $f = f(t)$, ベクトル値関数 $\boldsymbol{A} = \boldsymbol{A}(t)$, $\boldsymbol{B} = \boldsymbol{B}(t)$ に対し，次の等式が成り立つ．

(1) $(f\boldsymbol{A})' = f'\boldsymbol{A} + f\boldsymbol{A}'$

(2) $(\boldsymbol{A} + \boldsymbol{B})' = \boldsymbol{A}' + \boldsymbol{B}'$

(3) $(\boldsymbol{A} \cdot \boldsymbol{B})' = \boldsymbol{A}' \cdot \boldsymbol{B} + \boldsymbol{A} \cdot \boldsymbol{B}'$

(4) $(\boldsymbol{A} \times \boldsymbol{B})' = \boldsymbol{A}' \times \boldsymbol{B} + \boldsymbol{A} \times \boldsymbol{B}'$

証明： (3) のみを証明し，他は演習問題とする．

$$\boldsymbol{A} = A_1(t)\boldsymbol{i} + A_2(t)\boldsymbol{j} + A_3(t)\boldsymbol{k}$$
$$\boldsymbol{B} = B_1(t)\boldsymbol{i} + B_2(t)\boldsymbol{j} + B_3(t)\boldsymbol{k}$$

とすると

$$\boldsymbol{A} \cdot \boldsymbol{B} = A_1(t)B_1(t) + A_2(t)B_2(t) + A_3(t)B_3(t)$$

だから

$$
\begin{aligned}
(\boldsymbol{A}\cdot\boldsymbol{B})' =&(A_1(t)B_1(t)+A_2(t)B_2(t)+A_3(t)B_3(t))' \\
=&A_1'(t)B_1(t)+A_1(t)B_1'(t) \\
&+A_2'(t)B_2(t)+A_2(t)B_2'(t) \\
&+A_3'(t)B_3(t)+A_3(t)B_3'(t) \\
=&A_1'(t)B_1(t)+A_2'(t)B_2(t)+A_3'(t)B_3(t) \\
&+A_1(t)B_1'(t)+A_2(t)B_2'(t)+A_3(t)B_3'(t) \\
=&\boldsymbol{A}'\cdot\boldsymbol{B}+\boldsymbol{A}\cdot\boldsymbol{B}'
\end{aligned}
$$
□

導関数 $\boldsymbol{A}'$ をさらに微分することにより，2 階，3 階,... の導関数 $\boldsymbol{A}'', \boldsymbol{A}''', \ldots$ が定義される．

例 1.3 $\boldsymbol{A}=\sin t\,\boldsymbol{i}+t^2\boldsymbol{j}+e^{3t}\boldsymbol{k}$ に対し

$$
\boldsymbol{A}'=\cos t\,\boldsymbol{i}+2t\boldsymbol{j}+3e^{3t}\boldsymbol{k},\qquad \boldsymbol{A}''=-\sin t\,\boldsymbol{i}+2\boldsymbol{j}+9e^{3t}\boldsymbol{k},
$$
$$
\boldsymbol{A}'''=-\cos t\,\boldsymbol{i}+27e^{3t}\boldsymbol{k},\cdots
$$

多変数のベクトル値関数も考えることができる．すなわち，$\boldsymbol{A}=\boldsymbol{A}(u,v)$ や $\boldsymbol{A}=\boldsymbol{A}(x,y,z)$ などである．それらの偏導関数も，1 変数の場合と同様に定義される．

例 1.4 $\boldsymbol{A}=uv\boldsymbol{i}+(u^2+v)\boldsymbol{j}-2uv^3\boldsymbol{k}$ の 1 階および 2 階の偏導関数は

$$
\frac{\partial\boldsymbol{A}}{\partial u}=v\boldsymbol{i}+2u\boldsymbol{j}-2v^3\boldsymbol{k},\quad \frac{\partial\boldsymbol{A}}{\partial v}=u\boldsymbol{i}+\boldsymbol{j}-6uv^2\boldsymbol{k},
$$
$$
\frac{\partial^2\boldsymbol{A}}{\partial u^2}=2\boldsymbol{j},\quad \frac{\partial^2\boldsymbol{A}}{\partial u\partial v}=\frac{\partial^2\boldsymbol{A}}{\partial v\partial u}=\boldsymbol{i}-6v^2\boldsymbol{k},\quad \frac{\partial^2\boldsymbol{A}}{\partial v^2}=-12uv\boldsymbol{k}
$$

である．

偏微分を表す記号として，

$$\frac{\partial \boldsymbol{A}}{\partial u}, \quad \frac{\partial \boldsymbol{A}}{\partial v}, \quad \frac{\partial^2 \boldsymbol{A}}{\partial u^2}, \quad \frac{\partial^2 \boldsymbol{A}}{\partial u \partial v}, \quad \frac{\partial^2 \boldsymbol{A}}{\partial v \partial u}, \quad \frac{\partial^2 \boldsymbol{A}}{\partial v^2}$$

のほかにも，

$$\boldsymbol{A}_u, \quad \boldsymbol{A}_v, \quad \boldsymbol{A}_{uu}, \quad \boldsymbol{A}_{uv}, \quad \boldsymbol{A}_{vu}, \quad \boldsymbol{A}_{vv}$$

も使われる．

練習問題 1.6

〔**1**〕次のベクトル値関数の導関数を求めよ．

(1) $t\,\boldsymbol{i} + t^2\,\boldsymbol{j} + (2t - t^3)\,\boldsymbol{k}$　　(2) $\sin t\,\boldsymbol{i} + \cos t\,\boldsymbol{k}$

(3) $e^t\,\boldsymbol{i} - \sqrt{t}\,\boldsymbol{j} + (1/t^2)\,\boldsymbol{k}$　　(4) $\left(t^{-2}, e^{-3t}, 1\right)$

(5) $(t, t\log t, \sin 2t)$　　(6) $\left(1/(1+t^2), 0, \sqrt{1-t^2}\right)$

〔**2**〕定理 1.1 の証明を与えよ．

〔**3**〕ベクトル値関数 $\boldsymbol{A} = \boldsymbol{A}(t)$ の長さが一定ならば，$\boldsymbol{A}$ と $\boldsymbol{A}'$ は常に垂直であることを示せ．

〔**4**〕ベクトル値関数 $\boldsymbol{A} = \boldsymbol{A}(t)$ に対して，次の等式を示せ．

(1) $|\boldsymbol{A}|' = \dfrac{\boldsymbol{A}' \cdot \boldsymbol{A}}{|\boldsymbol{A}|}$

(2) $\left(\dfrac{\boldsymbol{A}}{|\boldsymbol{A}|}\right)' = \dfrac{\boldsymbol{A}'(\boldsymbol{A}\cdot\boldsymbol{A}) - \boldsymbol{A}(\boldsymbol{A}\cdot\boldsymbol{A}')}{(\boldsymbol{A}\cdot\boldsymbol{A})^{3/2}}$

〔**5**〕次のベクトル値関数の 3 階までの導関数を求めよ．

(1) $\boldsymbol{A}(t) = t^3\,\boldsymbol{i} - 2t^2\,\boldsymbol{j} + 2t\,\boldsymbol{k}$　　(2) $\boldsymbol{A}(t) = \sin 2t\,\boldsymbol{i} + (t+1)^5\,\boldsymbol{k}$

(3) $\boldsymbol{A}(t) = (e^t, \sqrt{t}, t^{-2})$　　(4) $\boldsymbol{A}(t) = (\log t, t\log t, 1)$

〔**6**〕次のベクトル値関数の 1 階および 2 階の偏導関数を求めよ．

(1) $\boldsymbol{A}(u,v) = (u-v)\,\boldsymbol{i} + uv\,\boldsymbol{j} + v^2\,\boldsymbol{k}$

(2) $\boldsymbol{A}(u,v) = u\cos v\,\boldsymbol{i} + u\sin v\,\boldsymbol{j} + v\,\boldsymbol{k}$

(3) $\boldsymbol{A}(u,v) = (u, v, (u+2v)^5)$

(4) $\boldsymbol{A}(u,v) = (ue^v, u^2e^v, v)$

第2章

曲線と曲面

2.1 曲線

例えば，xy 平面の $x^2+y^2=1$ を満たす点の集まりは，原点を中心とする半径 1 の円を表す．より一般に $F(x,y)=0$ を満たす点の集まりは xy 平面上の曲線になる[1]．これを平面曲線の**方程式による表示**という．

平面または空間に原点 O が固定されているとき，ベクトル値関数 $\boldsymbol{r}=\boldsymbol{r}(t)$ が与えられたとする．各 t に対して，位置ベクトルが $\boldsymbol{r}(t)$ となる点を考える．このとき t の値をいろいろと変化させると動点が定まる．その動点の軌跡は，曲線を描く (図 2.1)．このようにしてベクトル値関数による曲線の表示を得ることができる．これを曲線の (t をパラメータとする) **パラメータ表示**という．t を時刻と解釈すれば，$\boldsymbol{r}=\boldsymbol{r}(t)$ は動点の運動を記述しているとも考えられる．

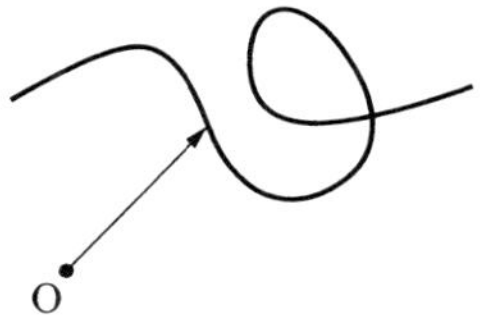

図 **2.1**　$\boldsymbol{r}=\boldsymbol{r}(t)$

ベクトル解析では，曲線はパラメータ表示したものを扱うことが多い．したがって，本書では，実数のある区間 I で定義された連続なベクトル値関数

$$C:\boldsymbol{r}=\boldsymbol{r}(t),\ t\in I$$

1　曲線にならない場合もある．例えば $x^2+y^2=0$ は原点のみを表し，$x^2+y^2=-1$ は空集合である．

も，単に，**曲線**と呼ぶ．とくに，$\boldsymbol{r}$ が平面ベクトルに値をとるとき**平面曲線**，空間ベクトルに値をとるとき**空間曲線**と呼ぶ．

また，閉区間 $I = [a, b]$ で定義された曲線 $\boldsymbol{r}$ が $\boldsymbol{r}(a) = \boldsymbol{r}(b)$ を満たすとき，$\boldsymbol{r}$ は**閉曲線**であるという．

1 平面曲線の例

例 2.1 (グラフ) 関数 $y = f(x)$ のグラフは xy 平面上の $(x, f(x))$ という点の集まりだから, x をパラメータとして表示された曲線 $\boldsymbol{r}(x) = (x, f(x))$ であると解釈できる．

例 2.2 (楕円) a, b $(a \geq b)$ を正の定数としたとき，

$$\frac{x^2}{a^2} + \frac{y^2}{b^2} = 1$$

は $\mathrm{P}(-\sqrt{a^2 - b^2}, 0)$, $\mathrm{Q}(\sqrt{a^2 - b^2}, 0)$ を焦点とする，長軸の長さ $2a$ の楕円を表す．とくに，$a = b$ のときは半径 a の円である (図 2.2).

パラメータ表示は $\boldsymbol{r}(t) = a\cos t\,\boldsymbol{i} + b\sin t\,\boldsymbol{j}$, $0 \leq t \leq 2\pi$ などで表せる閉曲線である．

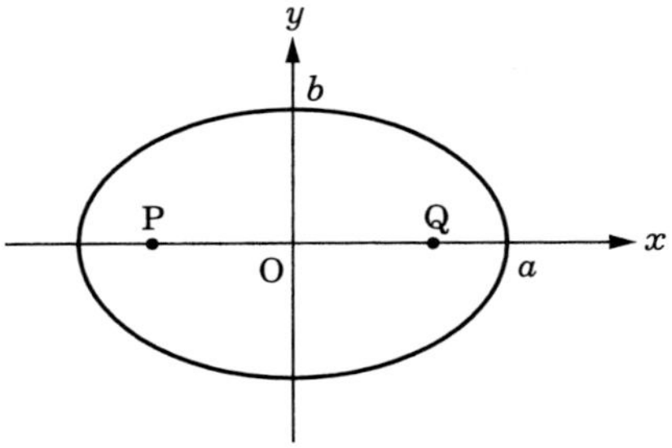

図 **2.2** 楕円

例 2.3 (双曲線) a, b を正の定数としたとき，

$$C : \frac{x^2}{a^2} - \frac{y^2}{b^2} = 1$$

は $\mathrm{P}(-\sqrt{a^2+b^2}, 0)$, $\mathrm{Q}(\sqrt{a^2+b^2}, 0)$ を焦点とし，漸近線が $\dfrac{x}{a} \pm \dfrac{y}{b} = 0$ の双曲線を表す．図 2.3 に示すように双曲線は 2 つの曲線からなる．双曲線 C の x が正の部分の曲線は，例えば $\boldsymbol{r}(t) = (a\cosh t,\, b\sinh t)$ などでパラメータ表示される．同様に，負の部分は $\boldsymbol{r}(t) = (-a\cosh t,\, b\sinh t)$.

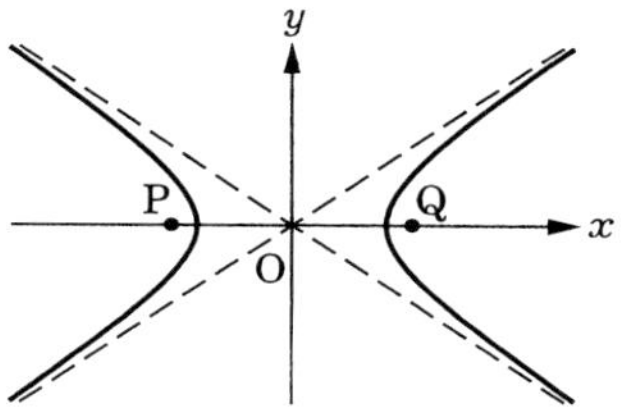

図 **2.3**　双曲線

例 2.4 (サイクロイド)　x 軸に接する円を，滑ることなく x 軸上で転がす．その円周上の 1 点の軌跡の描く曲線を**サイクロイド**と呼ぶ．円の半径を a とすれば $\boldsymbol{r}(t) = a(t - \sin t)\,\boldsymbol{i} + a(1 - \cos t)\,\boldsymbol{j}$ と表示することができる．

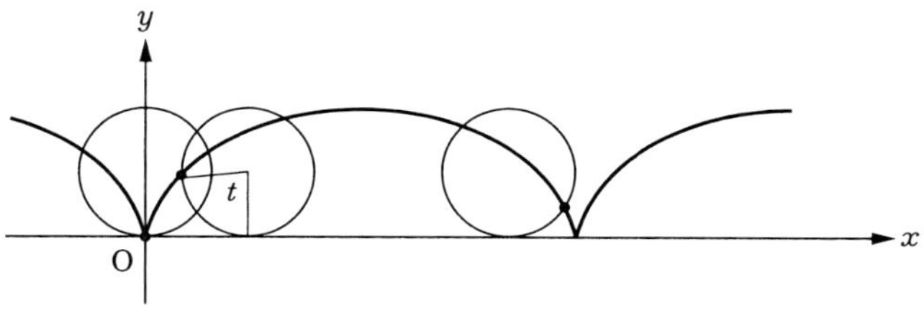

図 **2.4**　サイクロイド

2　空間曲線の例

例 2.5　1.4 節で述べた直線のパラメータ表示.

例 2.6 (螺旋)　a, c を正の定数とし，$\boldsymbol{r}(t) = a\cos t\,\boldsymbol{i} + a\sin t\,\boldsymbol{j} + ct\,\boldsymbol{k}$ で表される曲線を**螺旋**(らせん) と呼ぶ．図 2.5 に示すように，円柱に巻き付いている曲線である．

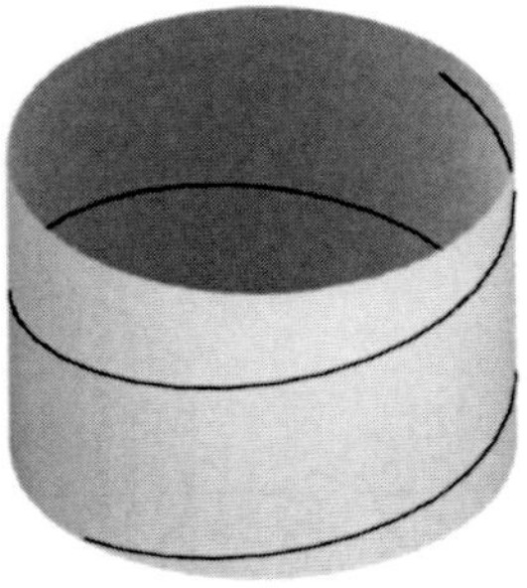

図 **2.5**　螺旋

曲線のパラメータ表示の仕方は一通りではない．

例えば

$$\boldsymbol{r}(t) = \cos t\,\boldsymbol{i} + \sin t\,\boldsymbol{j},\ 0 \leq t \leq 2\pi$$

$$\tilde{\boldsymbol{r}}(t) = \cos 2t\,\boldsymbol{i} + \sin 2t\,\boldsymbol{j},\ 0 \leq t \leq \pi$$

は同一の円を描く．ただし，t が 0 から 2π まで変化すると $\boldsymbol{r}$ は円を 1 周するのに対して，$\tilde{\boldsymbol{r}}$ は $t = 0$ から $t = \pi$ で 1 周してしまう．つまり，動点と解釈すると，$\tilde{\boldsymbol{r}}$ は $\boldsymbol{r}$ の 2 倍の速さで動く．このような場合，同じ曲線を異なるパラメータで表示していると解釈しなければならない．

もう少し一般的に述べると次のようになる．

2 つの曲線

$$\boldsymbol{r}_1 = \boldsymbol{r}_1(t_1),\ a_1 \leq t_1 \leq b_1$$

$$\boldsymbol{r}_2 = \boldsymbol{r}_2(t_2),\ a_2 \leq t_2 \leq b_2$$

に対し，単調増加な連続関数 $t_2 = t_2(t_1)$ で，

$$t_2(a_1) = a_2,\ t_2(b_1) = b_2,\ \boldsymbol{r}_2(t_2(t_1)) = \boldsymbol{r}_1(t_1)$$

を満たすものがあるとき，$\boldsymbol{r}_1$ と $\boldsymbol{r}_2$ は同じ曲線である，という．

曲線 $C : \boldsymbol{r} = \boldsymbol{r}(t)$ が微分可能であり，その導関数 $\boldsymbol{r}'(t)$ が連続かついたるところ $\mathbf{0}$ ではないとき，C は**滑らかな曲線**であるという．

また，曲線 $C : \boldsymbol{r} = \boldsymbol{r}(t)$ が，いくつかの滑らかな曲線をつないだ形で与えられているとき，C を**区分的に滑らかな曲線**と呼ぶ．例えば，図 2.4 に示したサイクロイドは区分的に滑らかな曲線である．

ベクトル値関数の微分の定義式(1.21) から明らかなように，滑らかな曲線 $\boldsymbol{r}$ に対し，その微分 $\boldsymbol{r}'$ は接線の方向を向いている．$\boldsymbol{r}'(t_0)$ を $\boldsymbol{r}(t_0)$ における**接ベクトル**と呼ぶ．$\boldsymbol{r}(t_0)$ における接線 l は

$$l : \boldsymbol{r}(t_0) + t\boldsymbol{r}'(t_0)$$

とパラメータ表示される．

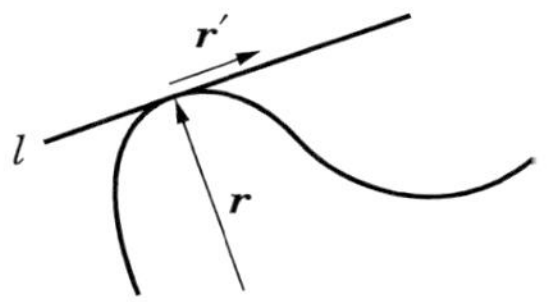

図 **2.6**　接線

滑らかな曲線の定義で $\boldsymbol{r}'$ が $\mathbf{0}$ にならないことが含まれているのは，各点で接線を引くことができることを要請しているのである．

例題 2.1　xyz 空間内の螺旋 $\boldsymbol{r}(t) = (\cos t, \sin t, 2t)$ の $t = \pi/6$ における接線の方程式を求めよ．

（解答）　接点は

$$\boldsymbol{r}(\pi/6) = \left(\frac{\sqrt{3}}{2}, \frac{1}{2}, \frac{\pi}{3}\right)$$

$\boldsymbol{r}'(t) = -\sin t\,\boldsymbol{i} + \cos t\,\boldsymbol{j} + 2\,\boldsymbol{k}$ より接点における接ベクトルは

$$\boldsymbol{r}'(\pi/6) = -\frac{1}{2}\boldsymbol{i} + \frac{\sqrt{3}}{2}\boldsymbol{j} + 2\boldsymbol{k}$$

したがって，求める接線のパラメータ表示は

$$(x, y, z) = \left(\frac{\sqrt{3}}{2}, \frac{1}{2}, \frac{\pi}{3}\right) + t\left(-\frac{1}{2}, \frac{\sqrt{3}}{2}, 2\right)$$

これから t を消去して

$$\frac{x - \sqrt{3}/2}{-1/2} = \frac{y - 1/2}{\sqrt{3}/2} = \frac{z - \pi/3}{2}$$

（解答終）

右の図 2.7 のような曲線が与えられたとき，その長さを求める．

曲線の長さとは，次のように定義されるものである．

図 2.7　曲線

曲線上にいくつかの点をとる．今，n 個の点をとったとしよう．それらを線分で結ぶことにより折れ線ができる．この折れ線の長さを L_n とおく．L_n はいくつかの線分の長さの和だから容易に計算でき，それは元の曲線の長さを近似していると解釈できる．さらに，分割が細かくなるように曲線上の点の個数を多くとりなおして折れ線をつくると，折れ線自身が元の曲線の形に近づくから，その長さももちろん曲線の長さに近づく (図 2.8 参照)．

図 2.8　曲線の折れ線による近似

この操作による折れ線の長さの極限 $\lim_{n \to \infty} L_n$ が**曲線の長さ**である．

パラメータ表示された曲線に対しては，次の公式で求めることができる．証明はたいていの微積分の教科書に載っているので省略する．

命題 2.1　曲線 $\boldsymbol{r} = \boldsymbol{r}(t)$, $\alpha \leq t \leq \beta$ の長さ L は

$$L = \int_\alpha^\beta \left| \frac{d\boldsymbol{r}}{dt} \right| dt$$

で与えられる.

例題 2.2　螺旋 $\boldsymbol{r}(t) = a\cos t\,\boldsymbol{i} + a\sin t\,\boldsymbol{j} + ct\,\boldsymbol{k}$ の $t = 0$ から $t = 2\pi$ までの部分の長さ L を求めよ.

（解答）

$$\frac{d\boldsymbol{r}}{dt} = -a\sin t\,\boldsymbol{i} + a\cos t\,\boldsymbol{j} + c\,\boldsymbol{k}$$

より

$$\frac{d\boldsymbol{r}}{dt} \cdot \frac{d\boldsymbol{r}}{dt} = a^2 + c^2$$

であるから

$$L = \int_0^{2\pi} \sqrt{a^2 + c^2}\, dt = 2\pi\sqrt{a^2 + c^2}$$

（解答終）

曲線が与えられたとき, その曲線上に起点 P を適当にとるとその起点からの弧長 s で他の点を指定することができる (ただし, 方向により ± も指定する). つまり弧長 s を曲線のパラメータに採用することができる. この s を**弧長パラメータ**と呼ぶ.

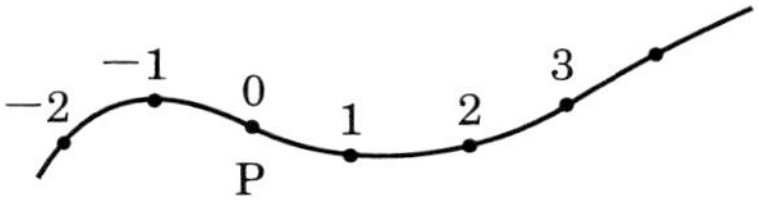

図 **2.9**　弧長パラメータ

次に, 適当なパラメータ t によって表示された滑らかな曲線 $\boldsymbol{r} = \boldsymbol{r}(t)$ を弧長パラメータで表示しなおしてみよう.

$\boldsymbol{r}(t_0)$ を起点, $\boldsymbol{r}(t_0)$ から $\boldsymbol{r}(t)$ までの弧長を s とすれば, s は

$$s = \int_{t_0}^{t} \left| \frac{d\boldsymbol{r}}{dt} \right| dt \tag{2.1}$$

である．つまり，s は t の関数である．このとき，$ds/dt = |d\boldsymbol{r}/dt| > 0$ より関数 $s = s(t)$ は単調増加だから，逆関数 $t = t(s)$ をもつ．それにより $\boldsymbol{r} = \boldsymbol{r}(t(s))$ とすればよい．

例 2.7　螺旋 $\boldsymbol{r}(t) = a\cos t\,\boldsymbol{i} + a\sin t\,\boldsymbol{j} + ct\,\boldsymbol{k}$ を弧長パラメータ s で表示しなおしてみよう．

$t = 0$ を起点にとる．例 2.6 の計算結果から，起点から t までの弧長 $s = s(t)$ は

$$s(t) = \int_0^t \sqrt{a^2 + c^2}\, dt = \sqrt{a^2 + c^2}\, t$$

したがって，その逆関数は

$$t(s) = \frac{s}{\sqrt{a^2 + c^2}}$$

ゆえに，螺旋を弧長パラメータ s で表示した式は，

$$\boldsymbol{r}(s) = a\cos \frac{s}{\sqrt{a^2 + c^2}}\,\boldsymbol{i} + a\sin \frac{s}{\sqrt{a^2 + c^2}}\,\boldsymbol{j} + \frac{cs}{\sqrt{a^2 + c^2}}\,\boldsymbol{k}$$

である．

曲線 $\boldsymbol{r} = \boldsymbol{r}(t)$ とその弧長 s に対して，$ds/dt = |d\boldsymbol{r}/dt|$ であるから，形式的に

$$ds = \left| \frac{d\boldsymbol{r}}{dt} \right| dt \tag{2.2}$$

と書くことができる．また，

$$\left(\frac{ds}{dt}\right)^2 = \frac{d\boldsymbol{r}}{dt} \cdot \frac{d\boldsymbol{r}}{dt} = \left(\frac{dx}{dt}\right)^2 + \left(\frac{dy}{dt}\right)^2 + \left(\frac{dz}{dt}\right)^2$$

より，

$$ds^2 = d\boldsymbol{r} \cdot d\boldsymbol{r} = dx^2 + dy^2 + dz^2 \tag{2.3}$$

と表せる．この式(2.2) または 式 (2.3) で定まる ds を**線素**と呼ぶ．

練習問題 2.1

〔**1**〕 a を正の定数とする．サイクロイド $x = a(t - \sin t)$, $y = a(1 - \cos t)$ の $0 \leq t \leq 2\pi$ の部分の長さを求めよ．

〔**2**〕 a を正の定数とする．曲線 $\boldsymbol{r}(t) = e^t \cos at\,\boldsymbol{i} + e^t \sin at\,\boldsymbol{j}$ の $0 \leq t \leq 2\pi/a$ の部分の長さを求めよ．

〔**3**〕 命題 2.1 より，xy 平面上の，関数 $y = f(x)$ のグラフの $x = a$ から $x = b$ までの部分の長さ L は次で与えられることを示せ．

$$L = \int_a^b \sqrt{1 + (dy/dx)^2}\, dx$$

〔**4**〕 次の曲線の長さを計算せよ．

(1) $y = \dfrac{x^3}{6} + \dfrac{1}{2x}$ の $x = 1$ から $x = 2$ までの部分の長さ．

(2) $y = x^{3/2}$ の $x = 0$ から $x = 1$ までの部分の長さ．

(3) $y = \cosh x$ の $x = 0$ から $x = 1$ までの部分の長さ．

〔**5**〕 半径 a の円 $\boldsymbol{r}(t) = a\cos t\,\boldsymbol{i} + a\sin t\,\boldsymbol{j}$ を弧長パラメータで表せ．

2.2 平面曲線の曲率

曲率とは，曲線の曲がり具合を数学的に表すものである．

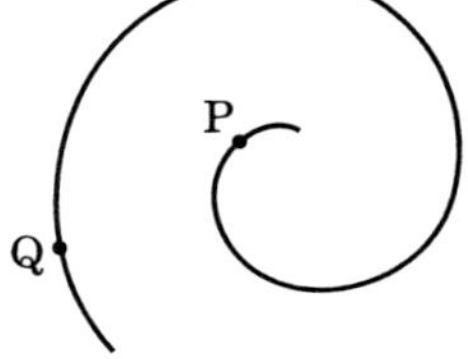

図 **2.10**　曲線 C

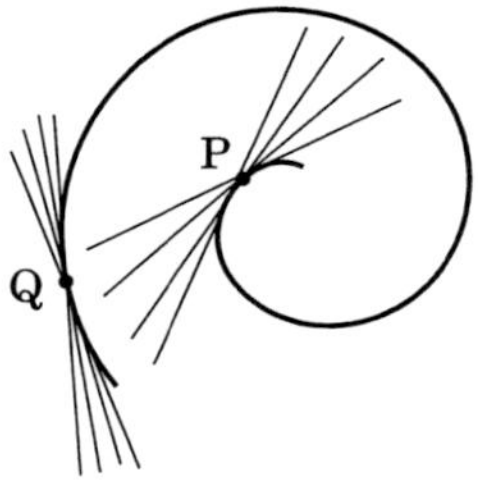

図 **2.11**　C の接線

例えば，図 2.10 のような平面曲線 C を考え，2 点 P, Q における，曲線 C の曲がり具合を見比べると，点 Q における曲がり具合のほうがゆるやかであることが分かる．言い換えれば，曲線 C は点 Q よりも点 P におけるほうが，“より曲がっている”．

曲がり具合とはどのようなものであるかをもう少し詳しく調べよう．曲線 C 上の各点で接線を引くことを考える．とくに，P, Q それぞれの近くで接線を描いた図 2.11 を見てみよう．その図から考察されることは，点 P の近くでは接線の傾きの変化が大きいが，それに比べて，点 Q の近くでは接線の傾きの変化が小さいことである．

つまり，図 2.11 は，接線の傾きの変化の割合によって，曲線 C の曲がり具合を測ることができることを示唆している．そこで，曲率を次のように定義する．

定義 2.1　平面曲線 C とその上の点 P に対して，

$$\kappa(\mathrm{P}) = \lim_{\mathrm{P}' \to \mathrm{P}} \frac{\text{P および P}' \text{ における接線のなす角の大きさ}}{\text{弧 PP}' \text{ の長さ}}$$

と定め，$\kappa(\mathrm{P})$ を点 P における**曲率**と呼ぶ．

本書では平面曲線の曲率の定義を，多くの本で定義されている曲率に絶対値をつけたものとしました．

定義 2.1 は，曲率の幾何学的意味をよく表しているが，実際に曲率を計算するのに都合がよいとはいい難い．そこで，曲率を計算する公式を導こう．

まず，曲線 C を弧長パラメータ s で表示して，

$$C : \boldsymbol{r} = \boldsymbol{r}(s)$$

とする．$\boldsymbol{e}_1(s) = \boldsymbol{r}'(s)$ とおく．s が弧長パラメータであるから，$\boldsymbol{e}_1$ は，C の各点で長さが 1 の接ベクトルである．

今，$\mathrm{P} = \boldsymbol{r}(s_0)$ とすれば，定義 2.1 より

$$\kappa(\mathrm{P}) = \lim_{s \to s_0} \frac{\boldsymbol{e}_1(s_0) \text{ と } \boldsymbol{e}_1(s) \text{ のなす角の大きさ}}{|s - s_0|}$$

である．

$\boldsymbol{e}_1 = \boldsymbol{e}_1(s)$ はベクトル値関数だから，$\boldsymbol{e}_1$ もまた s をパラメータとする曲線と考えることができる．実際，その曲線 $\boldsymbol{e}_1$ は半径 1 の円の一部を描く．

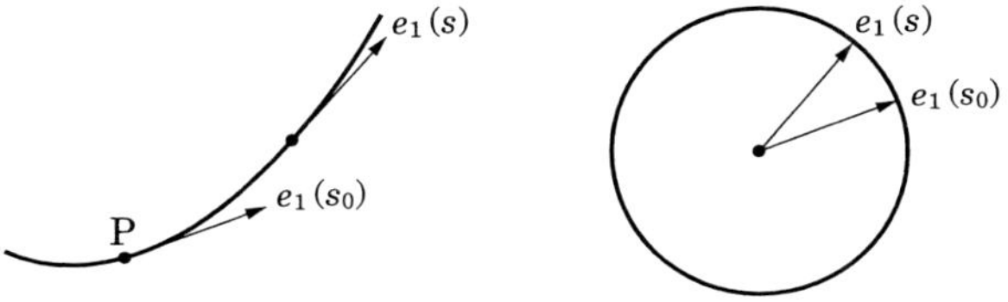

図 **2.12**　$\boldsymbol{e}_1 = \boldsymbol{e}_1(s)$

したがって，$\boldsymbol{e}_1(s_0)$ と $\boldsymbol{e}_1(s)$ のなす角の大きさは，曲線 $\boldsymbol{e}_1$ の s_0 から s までの弧の長さ，すなわち，

$$\int_{s_0}^{s} |\boldsymbol{e}_1'(s)|\, ds$$

に等しい．ゆえに

$$\kappa(P) = \kappa(\boldsymbol{r}(s_0)) = \lim_{s \to s_0} \int_{s_0}^{s} |\boldsymbol{e}_1'(s)|\, ds \Big/ |s - s_0| \tag{2.4}$$

そして式(2.4) の右辺の極限値は l'Hospital の定理により $|\boldsymbol{e}_1'(s_0)|$ であることが分かる．

以上の議論により，次が得られた．

定理 2.1 平面曲線 C の曲率 κ は，C を弧長パラメータ s で $C:\boldsymbol{r}=\boldsymbol{r}(s)$ と表示したとき，

$$\kappa(\boldsymbol{r}(s))=|\boldsymbol{r}''(s)|$$

で与えられる．

例題 2.3 半径 a の円 $C:x^2+y^2=a^2$ の曲率を求めよ．

（解答） C は弧長パラメータ s により

$$\boldsymbol{r}(s)=a\cos(s/a)\,\boldsymbol{i}+a\sin(s/a)\,\boldsymbol{j}$$

と表示できる．その導関数は

$$\boldsymbol{r}'(s)=-\sin(s/a)\,\boldsymbol{i}+\cos(s/a)\,\boldsymbol{j}$$
$$\boldsymbol{r}''(s)=-\frac{1}{a}\cos(s/a)\,\boldsymbol{i}-\frac{1}{a}\sin(s/a)\,\boldsymbol{j}.$$

ゆえに，

$$\kappa(\boldsymbol{r}(s))=\frac{1}{a}$$

すなわち，半径 a の円 C の曲率は一定値 $1/a$ である． （解答終）

曲線 C を，回転，折り返し，平行移動により，別の曲線 C' にぴったり重ね合わせることができるとき，C と C' は**合同**であるという．曲率の定義から分かるように，合同である平面曲線の曲率は一致する．例えば，半径 a の円は，どこにおかれていようと，その曲率は $1/a$ である．

一般に，与えられた曲線を具体的に弧長パラメータで表示するのは困難な場合が多い．そこで，弧長パラメータとは限らない一般のパラメータ t で表示された曲線 $C:\boldsymbol{r}=\boldsymbol{r}(t)=(x(t),y(t))$ の曲率の計算のしかたを紹介しよう．

C の弧長パラメータを $s=s(t)$ とする．曲率の計算では $\boldsymbol{r}$ を s で 2 階微分することが必要であった．今の場合，次の式が成り立つ．

$$\frac{d\boldsymbol{r}}{ds}=\frac{d\boldsymbol{r}}{dt}\frac{dt}{ds},\quad \frac{d^2\boldsymbol{r}}{ds^2}=\frac{d^2\boldsymbol{r}}{dt^2}\left(\frac{dt}{ds}\right)^2+\frac{d\boldsymbol{r}}{dt}\frac{d^2t}{ds^2}. \tag{2.5}$$

一方，式 (2.1) より，

$$\frac{ds}{dt}=\left|\frac{d\boldsymbol{r}}{dt}\right| \quad \therefore\ \frac{dt}{ds}=\left|\frac{d\boldsymbol{r}}{dt}\right|^{-1} \tag{2.6}$$

$$\begin{aligned}\frac{d^2t}{ds^2}&=-\left|\frac{d\boldsymbol{r}}{dt}\right|^{-2}\frac{d}{dt}\left|\frac{d\boldsymbol{r}}{dt}\right|\frac{dt}{ds}=-\left|\frac{d\boldsymbol{r}}{dt}\right|^{-2}\frac{d}{dt}\left(\frac{d\boldsymbol{r}}{dt}\cdot\frac{d\boldsymbol{r}}{dt}\right)^{1/2}\frac{dt}{ds}\\&=-\left|\frac{d\boldsymbol{r}}{dt}\right|^{-2}\left\{\frac{1}{2}\left(\frac{d\boldsymbol{r}}{dt}\cdot\frac{d\boldsymbol{r}}{dt}\right)^{-1/2}\cdot 2\left(\frac{d^2\boldsymbol{r}}{dt^2}\cdot\frac{d\boldsymbol{r}}{dt}\right)\right\}\frac{dt}{ds}\\&=-\left|\frac{d\boldsymbol{r}}{dt}\right|^{-4}\left(\frac{d^2\boldsymbol{r}}{dt^2}\cdot\frac{d\boldsymbol{r}}{dt}\right)\end{aligned} \tag{2.7}$$

式(2.5) ～ (2.7) より，

$$\frac{d^2\boldsymbol{r}}{ds^2}=\left|\frac{d\boldsymbol{r}}{dt}\right|^{-4}\left\{\frac{d^2\boldsymbol{r}}{dt^2}\left|\frac{d\boldsymbol{r}}{dt}\right|^2-\frac{d\boldsymbol{r}}{dt}\left(\frac{d^2\boldsymbol{r}}{dt^2}\cdot\frac{d\boldsymbol{r}}{dt}\right)\right\}$$

$$\begin{aligned}\left|\frac{d^2\boldsymbol{r}}{ds^2}\right|&=\left|\frac{d\boldsymbol{r}}{dt}\right|^{-3}\left\{\left|\frac{d^2\boldsymbol{r}}{dt^2}\right|^2\left|\frac{d\boldsymbol{r}}{dt}\right|^2-\left(\frac{d^2\boldsymbol{r}}{dt^2}\cdot\frac{d\boldsymbol{r}}{dt}\right)^2\right\}^{1/2}\\&=\frac{|x''(t)y'(t)-x'(t)y''(t)|}{(x'(t)^2+y'(t)^2)^{3/2}}\end{aligned}$$

以上を定理としてまとめておこう．

> **定理 2.2**　平面曲線 $C:\boldsymbol{r}(t)=(x(t),y(t))$ の曲率 κ は次の式で与えられる．
>
> $$\kappa(\boldsymbol{r}(t))=\frac{|x''(t)y'(t)-x'(t)y''(t)|}{(x'(t)^2+y'(t)^2)^{3/2}}$$

例題 2.4　楕円 $C:x^2/a^2+y^2/b^2=1$ の曲率を計算せよ．

（解答）　楕円 C を

$$x = a\cos t,\ y = b\sin t\ (0 \leq t \leq 2\pi)$$

とパラメータ表示すると

$$x' = -a\sin t, \quad y' = b\cos t$$

$$x'' = -a\cos t, \quad y'' = -b\sin t$$

ゆえに,

$$\kappa = \frac{|(-a\cos t)(b\cos t) - (-a\sin t)(-b\sin t)|}{\{(-a\sin t)^2 + (b\cos t)^2\}^{3/2}}$$

$$= \frac{ab}{(a^2\sin^2 t + b^2\cos^2 t)^{3/2}}$$

（解答終）

練習問題 2.2

〔**1**〕 直線の曲率を計算せよ.

〔**2**〕 サイクロイド $\boldsymbol{r}(t) = (a(t - \sin t), a(1 - \cos t))$ の曲率を計算せよ.

〔**3**〕 曲線 $y = f(x)$ の曲率は $\kappa(x) = \dfrac{|f''(x)|}{(1 + f'(x)^2)^{3/2}}$ で与えられることを示せ.

〔**4**〕 次の曲線の曲率を計算せよ.

(1) $y = x^2$ (2) $y = e^x$

(3) $y = \sin x$ (4) $y = \cosh x$

〔**5**〕 曲線の曲率 κ の一階微分 κ' が 0 になる点を頂点と呼ぶ. 曲線上のある点が頂点であるかどうかは, パラメータ表示のしかたによらないことを示せ.

〔**6**〕 次の曲線の頂点はどこか調べよ.

(1) 楕円 $x^2/a^2 + y^2/b^2 = 1$

(2) 双曲線 $x^2/a^2 - y^2/b^2 = 1$

(3) 放物線 $y^2 = ax$

2.3 点の運動

t が時刻を表すとき，ベクトル値関数 $\boldsymbol{r}=\boldsymbol{r}(t)$ は点の運動を表すと考えられる．このとき，前節で求めた $s=\int_0^t |d\boldsymbol{r}/dt|dt$ は動点の時刻 0 から時刻 t までの移動距離を表す．したがって，ds/dt は速さである．一方，$ds/dt=|d\boldsymbol{r}/dt|$ であり，$d\boldsymbol{r}/dt$ は接線方向を向いている．そこで次のように呼ぶ．

定義 2.2 点の運動 $\boldsymbol{r}=\boldsymbol{r}(t)$ に対して，$\dfrac{d\boldsymbol{r}}{dt}(t_0)$ を 時刻 t_0 における**速度ベクトル**と呼び，その大きさ $\left|\dfrac{d\boldsymbol{r}}{dt}(t_0)\right|$ を**速さ**と呼ぶ．また，$\dfrac{d^2\boldsymbol{r}}{dt^2}(t_0)$ を 時刻 t_0 における**加速度ベクトル**と呼ぶ．言い換えれば，加速度ベクトルは速度ベクトルを微分したものである．

物理学などでは，時間変数に関する微分を表すのにドットを使うことが多いようである．すなわち，$\dot{\boldsymbol{r}}$ は $d\boldsymbol{r}/dt$ を，$\ddot{\boldsymbol{r}}$ は $d^2\boldsymbol{r}/dt^2$ を意味する．その慣例に従い，本節ではドットを使う．

例 2.8 (等速直線運動) 直線上を一定の速度 $\boldsymbol{v}$ で動く点の運動は，$\boldsymbol{r}(t)=\boldsymbol{r}_0+t\boldsymbol{v}$ と記述される．速度ベクトルは $\boldsymbol{v}$ である．加速度ベクトルは $\boldsymbol{0}$ である．

例 2.9 (等速円運動) 半径 R の円周上を，一定の角速度 ω で動く点の運動は $\boldsymbol{r}(t)=\begin{pmatrix} R\cos\omega t \\ R\sin\omega t \end{pmatrix}$ と記述される．その速度ベクトルは $\dot{\boldsymbol{r}}(t)=\begin{pmatrix} -R\omega\sin\omega t \\ R\omega\cos\omega t \end{pmatrix}$，加速度ベクトルは $\ddot{\boldsymbol{r}}(t)=\begin{pmatrix} -R\omega^2\cos\omega t \\ -R\omega^2\sin\omega t \end{pmatrix}=-R\omega^2\boldsymbol{r}(t)$ である．

例 2.10 (運動方程式) Newton の運動の第 2 法則によると，物体が外力をうけて運動するとき，物体の質量 m と加速度ベクトル $\boldsymbol{a}$ の積は外力 $\boldsymbol{F}$ に等しい．すなわち，$m\boldsymbol{a}=\boldsymbol{F}$ である．

外力 $\boldsymbol{F}$ は時間 t，位置 $\boldsymbol{r}$，速度ベクトル $\dot{\boldsymbol{r}}$ によって決まると考えて，$\boldsymbol{F}=\boldsymbol{F}(t,\boldsymbol{r},\dot{\boldsymbol{r}})$ と書くと，運動の第 2 法則は

$$m\ddot{\boldsymbol{r}} = \boldsymbol{F}(t, \boldsymbol{r}, \dot{\boldsymbol{r}})$$

で与えられる．これは，2 階の常微分方程式系であり，Newton の**運動方程式**と呼ばれる．

練習問題 2.3

〔**1**〕 空間を運動する点 P の時刻 t での位置ベクトル $\boldsymbol{r} = \boldsymbol{r}(t)$ が次で与えられるとき，速度ベクトル，速さ，加速度ベクトルをそれぞれ求めよ．

(1) $\boldsymbol{r}(t) = 2t\,\boldsymbol{i} - 3t\,\boldsymbol{j} + t\,\boldsymbol{k}$

(2) $\boldsymbol{r}(t) = t^2\,\boldsymbol{i} - t^3\,\boldsymbol{j} + (1 + t + t^2)\,\boldsymbol{k}$

(3) $\boldsymbol{r}(t) = \cos 2t\,\boldsymbol{i} - \sin 2t\,\boldsymbol{j} - t\,\boldsymbol{k}$

(4) $\boldsymbol{r}(t) = e^t\,\boldsymbol{i} + e^{-t}\,\boldsymbol{j}$

〔**2**〕 加速度ベクトル $\boldsymbol{0}$ の運動は等速直線運動であることを示せ．

〔**3**〕 質量 m の物体の，時刻 t における位置ベクトルを $\boldsymbol{r} = \boldsymbol{r}(t)$ とする．その物体の運動方程式が

$$m\ddot{\boldsymbol{r}} = f(|\boldsymbol{r}|)\boldsymbol{r}, \quad (f \text{ はスカラー関数})$$

で与えられるとき，$\boldsymbol{r} \times \dot{\boldsymbol{r}}$ は定ベクトルであることを示せ．

2.4 曲面

1 変数 t のベクトル値関数 $\boldsymbol{r} = \boldsymbol{r}(t)$ を位置ベクトルとする点は，t の値をいろいろと変化させることにより曲線を描いた．それに対して，2 変数 u, v のベクトル値関数 $\boldsymbol{r} = \boldsymbol{r}(u, v)$ は，u, v をいろいろな値に変化させると，一般に曲面を描く．

定義 2.3　平面領域 D を定義域とするベクトル値連続関数

$$\boldsymbol{r} = \boldsymbol{r}(u, v) = \begin{pmatrix} x(u, v) \\ y(u, v) \\ z(u, v) \end{pmatrix}$$

をパラメータ表示された**曲面**と呼ぶ．u, v をパラメータと呼ぶ．

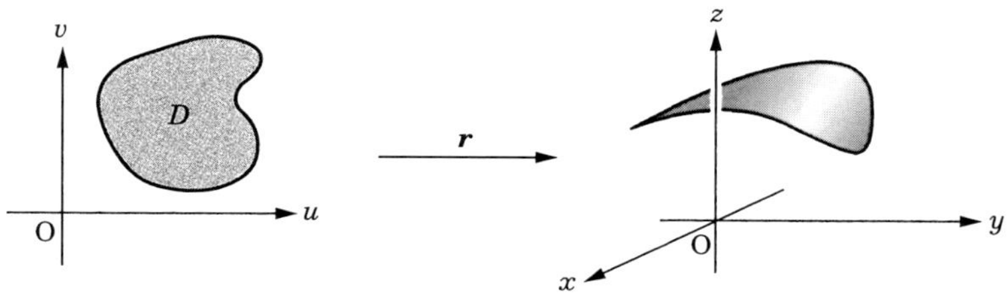

図 2.13　曲面 $\boldsymbol{r}$

例 2.11　1.4 節で扱った，平面のパラメータ表示を思い出そう．平面も曲面の 1 つである．

例 2.12　$z = f(x, y)$ のグラフは，座標が $(x, y, f(x, y))$ で与えられる点全体だから，x, y をパラメータとする曲面

$$\boldsymbol{r}(x, y) = \begin{pmatrix} x \\ y \\ f(x, y) \end{pmatrix}$$

であると解釈できる．

例えば, 正の定数 a に対して関数

$$z=\sqrt{a^2-x^2-y^2},\ D=\{x^2+y^2<a^2\}$$

のグラフは, 半径 a の球面の上半部である．

例 2.13 (Enneper の曲面)

$$\boldsymbol{r}(u,v)=\begin{pmatrix}3u-u^3+3uv^2\\-3v-3u^2v+v^3\\3u^2-3v^2\end{pmatrix} \tag{2.8}$$

で与えられる曲面は Enneper の曲面と呼ばれ，極小曲面の 1 つの例である．極小曲面とは，数学的には平均曲率 0 の曲面のことであり，標語的にいえば，石鹸膜の形づくる曲面である[2]．

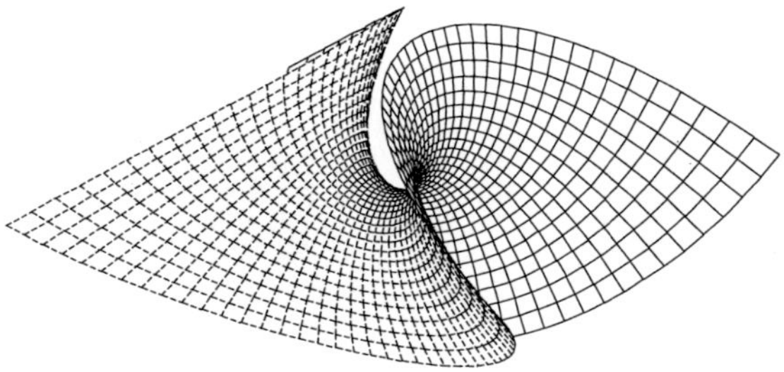

図 **2.14**　Enneper の曲面

例 2.14 (回転面)　xyz 空間内で, xz 平面上の曲線

$$C: x=f(t)\,(>0),\ z=g(t),\quad a<t<b$$

を z 軸のまわりに回転させてできる曲面は

2　針金などで輪をつくり，そこに石鹸膜を張ると，表面張力はその石鹸膜の面積をできるだけ小さくするように働く．このときの石鹸膜の形づくる曲面は平均曲率が 0 でなければならないことが示される．平均曲率とは，曲面の曲がり具合を表す 1 つの量である．

$$\boldsymbol{r}(t,\theta) = \begin{pmatrix} f(t)\cos\theta \\ f(t)\sin\theta \\ g(t) \end{pmatrix}, \quad a < t < b,\ 0 \leq \theta \leq 2\pi \tag{2.9}$$

と表せる．この場合 t, θ がパラメータである．

このようにして得られる曲面を，C を母線とする回転面と呼ぶ．

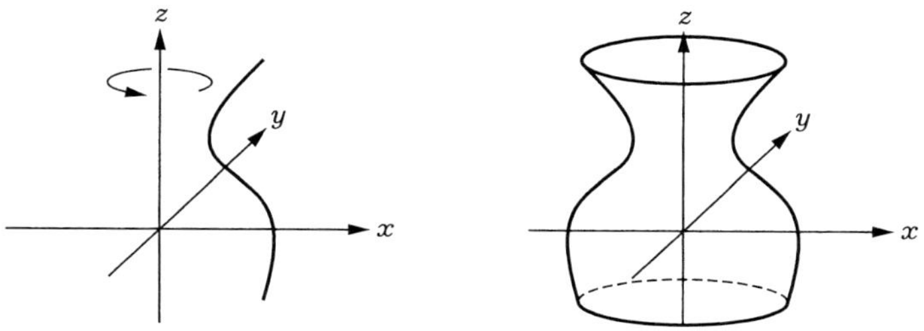

図 **2.15**　回転面

例えば，半円 $C: x = a\cos t,\ z = a\sin t,\ -\dfrac{\pi}{2} \leq t \leq \dfrac{\pi}{2}$ を母線とする回転面 $\boldsymbol{r}(t,\theta) = \begin{pmatrix} a\cos t\cos\theta \\ a\cos t\sin\theta \\ a\sin t \end{pmatrix}$ は半径 a の球面である．

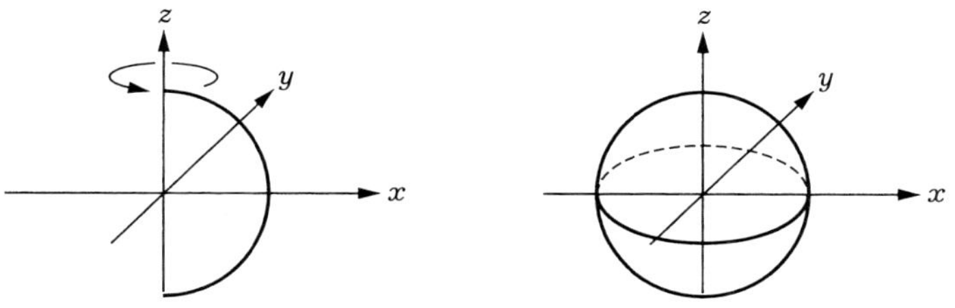

図 **2.16**　回転面としての球面

例 2.15 (回転トーラス)　2 つの定数 $a > b > 0$ に対し，xz 平面上の円 C : $(x-a)^2 + z^2 = b^2$ を考える．C を母線とする回転面を回転トーラスと呼ぶ．図 2.18 に示すように，ドーナツ型の曲面である．円 C は $x = a + b\cos t,\ y = b\sin t$

とパラメータ表示されるから，回転トーラスは

$$\boldsymbol{r}(t,\theta)=\begin{pmatrix}(a+b\cos t)\cos\theta\\(a+b\cos t)\sin\theta\\b\sin t\end{pmatrix} \tag{2.10}$$

で与えられる．

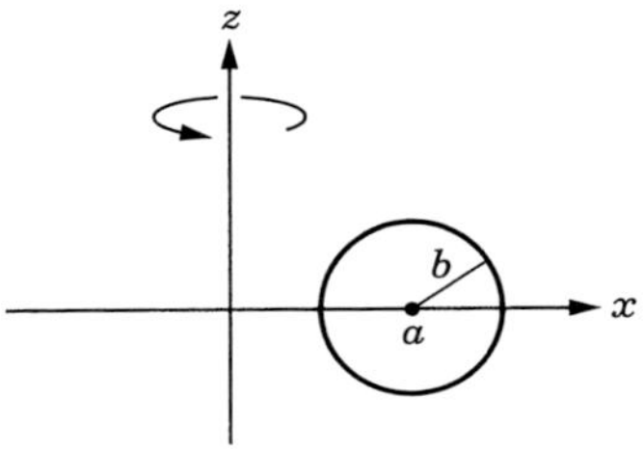

図 **2.17**　回転トーラスの母線

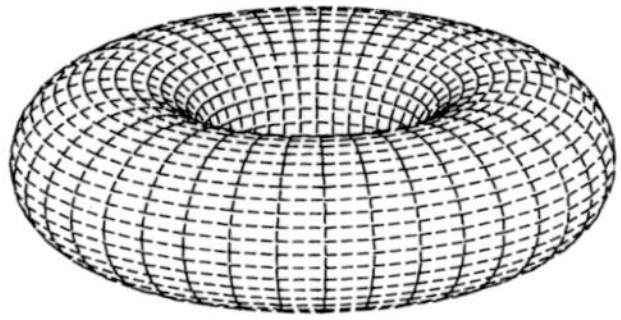

図 **2.18**　回転トーラス

例 2.16 (常螺旋面)　定数 a, b に対し，

$$\boldsymbol{r}(u,v)=\begin{pmatrix}u\cos v\\u\sin v\\av+b\end{pmatrix} \tag{2.11}$$

で与えられる曲面を常螺旋面と呼ぶ．

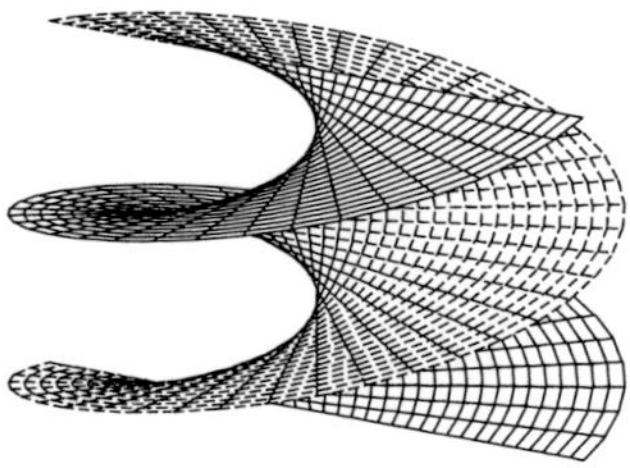

図 **2.19**　常螺旋面

曲線のときと同様に，1 つの曲面を表すのにパラメータ表示の仕方がいろいろあることを注意しておく．

曲面 $\boldsymbol{r} = \boldsymbol{r}(u, v)$ が偏微分可能なベクトル値関数で与えられていると仮定する．v の値を v_0 に固定すると，$\boldsymbol{r}(u, v_0)$ は u をパラメータとする空間曲線 (u 曲線) を描く．u 曲線の u_0 における接ベクトルは，

$$\left.\frac{d}{du}\boldsymbol{r}(u, v_0)\right|_{u=u_0} = \frac{\partial \boldsymbol{r}}{\partial u}(u_0, v_0) \ \ (= \boldsymbol{r}_u(u_0, v_0))$$

である．同様に u を u_0 に固定して v 曲線が得られ，$\boldsymbol{r}_v(u_0, v_0)$ が v_0 における接ベクトルである．

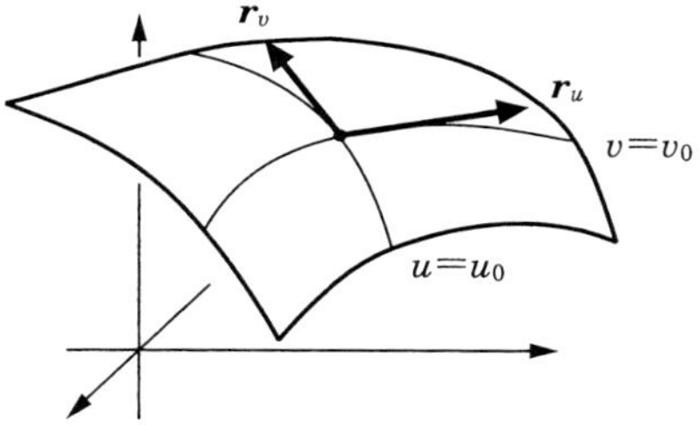

図 **2.20**　接ベクトル

定義 2.4　曲面 $\boldsymbol{r} = \boldsymbol{r}(u, v)$ 上の点 $\mathrm{P} = \boldsymbol{r}(u_0, v_0)$ において $\boldsymbol{r}_u(u_0, v_0)$ と $\boldsymbol{r}_v(u_0, v_0)$ が一次独立であるとき，それらは平面を張る．その平面を P における**接平面**と呼ぶ．

補題 2.1　曲面 $\boldsymbol{r} = \boldsymbol{r}(u, v)$ に対して，次の 3 条件は同値である．

(1) $\mathrm{rank}(\boldsymbol{r}_u, \boldsymbol{r}_v) = 2$

(2) $\boldsymbol{r}_u \times \boldsymbol{r}_v \neq \boldsymbol{0}$

(3) $|\boldsymbol{r}_u|^2|\boldsymbol{r}_v|^2 - (\boldsymbol{r}_u \cdot \boldsymbol{r}_v)^2 > 0$

これらの条件が成り立つとき，曲面上の各点で接平面が一意に定まる．

微分可能なベクトル値関数 $\boldsymbol{r} = \boldsymbol{r}(u, v)$ により与えられる曲面で，各点で接平面が 1 つ定まるものを**滑らかな曲面**と呼ぶ．

例 2.17 回転面(2.9) に対して，

$$\boldsymbol{r}_t = \begin{pmatrix} f'(t)\cos\theta \\ f'(t)\sin\theta \\ g'(t) \end{pmatrix}, \quad \boldsymbol{r}_\theta = \begin{pmatrix} -f(t)\sin\theta \\ f(t)\cos\theta \\ 0 \end{pmatrix}$$

$$\therefore \quad \boldsymbol{r}_t \times \boldsymbol{r}_\theta = \begin{pmatrix} -f(t)g'(t)\cos\theta \\ -f(t)g'(t)\sin\theta \\ f(t)f'(t) \end{pmatrix}$$

$$\therefore \quad |\boldsymbol{r}_t \times \boldsymbol{r}_\theta| = f(t)\sqrt{f'(t)^2 + g'(t)^2}$$

したがって，$\boldsymbol{r}_t \times \boldsymbol{r}_\theta \neq \boldsymbol{0}$ であるための必要十分条件は，$f(t) \neq 0$ かつ $f'(t)^2 + g'(t)^2 \neq 0$ である．

すなわち，回転面が滑らかであるためには，その母線が回転軸に交わらないような滑らかな曲線であることが必要十分である．

本書では主に滑らかな曲面を扱うので，断らない限り，滑らかな曲面を単に曲面と呼ぶことにする．

定義 2.5 曲面 $S : \boldsymbol{r} = \boldsymbol{r}(u, v)$, $(u, v) \in D$ に対して，その面積 $A(S)$ を次の式で定義する．

$$\begin{aligned} A(S) &= \iint_D |\boldsymbol{r}_u \times \boldsymbol{r}_v| \, dudv \qquad (2.12) \\ &= \iint_D \sqrt{|\boldsymbol{r}_u|^2|\boldsymbol{r}_v|^2 - (\boldsymbol{r}_u \cdot \boldsymbol{r}_v)^2} \, dudv \end{aligned}$$

曲面の面積のことを，表面積や曲面積とも呼ぶ．

なぜ，公式(2.12) で求まる量を面積とするのか，簡単に説明しておく．

曲面上に4点P: $\boldsymbol{r}(u,v)$, Q: $\boldsymbol{r}(u+\Delta u,v)$, R: $\boldsymbol{r}(u,v+\Delta v)$, S: $\boldsymbol{r}(u+\Delta u,v+\Delta v)$ をとる．ここで，Δu, Δv は微小であるとする．4点 P, Q, R, S を u 曲線と v 曲線で結んでできる微小な曲面の面積を ΔA とすると，ΔA は $\overrightarrow{\mathrm{PQ}}$ と $\overrightarrow{\mathrm{PR}}$ で張られる平行四辺形の面積で近似される．すなわち，次の近似式が成り立つ．

$$\Delta A \fallingdotseq \left|\overrightarrow{\mathrm{PQ}} \times \overrightarrow{\mathrm{PR}}\right|$$

一方，Δu が微小であることから，

$$\begin{aligned}\overrightarrow{\mathrm{PQ}} &= \boldsymbol{r}(u+\Delta u,v)-\boldsymbol{r}(u,v)\\ &= \frac{\boldsymbol{r}(u+\Delta u,v)-\boldsymbol{r}(u,v)}{\Delta u}\Delta u \fallingdotseq \frac{\partial \boldsymbol{r}}{\partial u}\Delta u\end{aligned}$$

同様に，Δv が微小であることから，$\overrightarrow{\mathrm{PR}} \fallingdotseq \dfrac{\partial \boldsymbol{r}}{\partial v}\Delta v$ が成り立つ．したがって，

$$\Delta A \fallingdotseq \left|\frac{\partial \boldsymbol{r}}{\partial u} \times \frac{\partial \boldsymbol{r}}{\partial v}\right| \Delta u \Delta v$$

である．

さて, 曲面 S を上のような微小な曲面に分割すれば, S の面積は, 微小な曲面の面積の総和 $\displaystyle\sum \left|\frac{\partial \boldsymbol{r}}{\partial u} \times \frac{\partial \boldsymbol{r}}{\partial v}\right| \Delta u \Delta v$ によって近似される．そこで，極限 $\Delta u, \Delta v \to 0$ をとると，

$$\sum \left|\frac{\partial \boldsymbol{r}}{\partial u} \times \frac{\partial \boldsymbol{r}}{\partial v}\right| \Delta u \Delta v \longrightarrow \iint_D \left|\boldsymbol{r}_u \times \boldsymbol{r}_v\right| dudv$$

となり，式(2.12) が S の面積であると理解できる．

例題 2.5　回転面 (2.9) の面積を求めよ．

（解答）　例 2.17 の計算結果より，面積は

$$\iint_D f(t)\sqrt{f'(t)^2+g'(t)^2}\,dtd\theta,\ D=\begin{Bmatrix} a<t<b, \\ 0\le\theta\le 2\pi \end{Bmatrix}$$

$$=2\pi\int_a^b f(t)\sqrt{f'(t)^2+g'(t)^2}\,dt$$

（解答終）

練習問題 2.4

〔**1**〕 Enneper の曲面(2.8) の $(u,v)=(1,0)$ における接平面の方程式を求めよ．

〔**2**〕 回転トーラス (2.10) の $(t,\theta)=(\pi/4,\pi/4)$ における接平面の方程式を求めよ．

〔**3**〕 常螺旋面(2.11) の $(u,v)=(1,0)$ における接平面の方程式を求めよ．

〔**4**〕 常螺旋面(2.11) の $(u,v)=(0,0)$ における接平面の方程式を求めよ．

〔**5**〕 半径 a の球の表面積を求めよ．

〔**6**〕 回転トーラス(2.10) の表面積を求めよ．

〔**7**〕 放物面 $z=x^2+y^2$ の $0\leq z\leq a$ にある部分の面積を求めよ．

第3章

ベクトル場

3.1 スカラー場, ベクトル場

定義 3.1 空間の領域 D の各点 P にスカラー $f(\mathrm{P})$ が対応しているとき，D 上に**スカラー場** f が定まっているという．また，各点 P にベクトル $\boldsymbol{r}(\mathrm{P})$ が対応しているとき，$\boldsymbol{r}$ を D 上の**ベクトル場**と呼ぶ．

同様に，平面領域，曲線，曲面上のスカラー場，ベクトル場も考えられる．

例 3.1

(1) ある時刻における温度や湿度はスカラー場である．
(2) 標高 (海抜) はスカラー場である．
(3) 平面曲線 C の曲率 κ は C 上のスカラー場である．
(4) ある時刻における風向は (風力も込めて) ベクトル場である．
(5) 曲線 $\boldsymbol{r} = \boldsymbol{r}(t)$ に対し，$\boldsymbol{r}' = \boldsymbol{r}'(t)$ はその曲線上のベクトル場である．

空間に座標 (x, y, z) や平面に座標 (x, y) を導入して考えれば，スカラー場は 3 変数関数 $f(x, y, z)$ または 2 変数関数 $f(x, y)$ で表すことができる．また，曲線，曲面の場合も，それらをパラメータ表示すれば，スカラー場はそのパラメータを変数とする関数で与えられる．

同様に，ベクトル場もベクトル値関数で表示される．例えば，xy 平面上のベクトル場 $y\boldsymbol{i} - x\boldsymbol{j}$ といったら，各点 (x, y) にベクトル $y\boldsymbol{i} - x\boldsymbol{j}$ が対応することを意味する．

ベクトル場を表す図は，いくつかの点 P において，P を始点とする有向線分 $\boldsymbol{r}(\mathrm{P})$ を描くことにより表すのが一般的である．

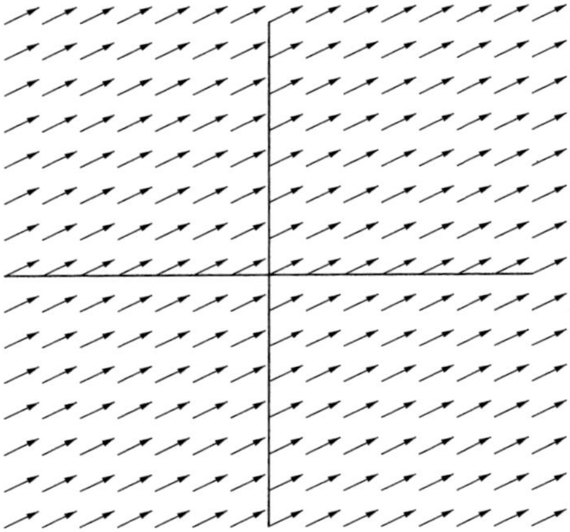

図 3.1 ベクトル場 $2\boldsymbol{i}+\boldsymbol{j}$

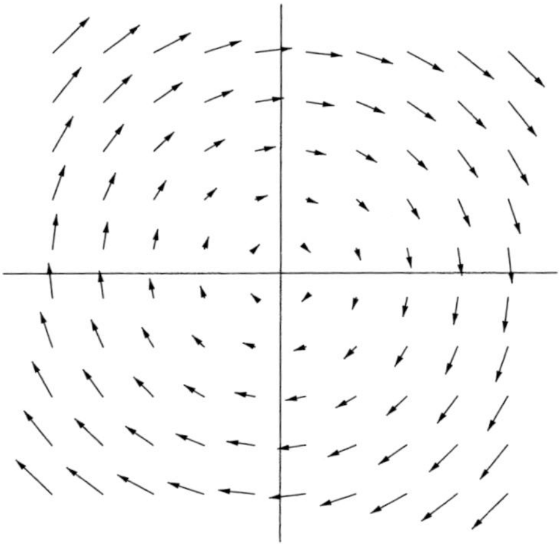

図 3.2 ベクトル場 $y\boldsymbol{i}-x\boldsymbol{j}$

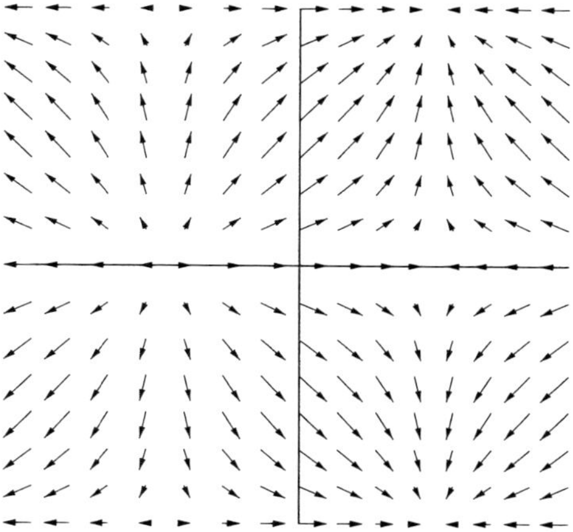

図 **3.3**　ベクトル場 $\cos x\,\boldsymbol{i} + \sin y\,\boldsymbol{j}$

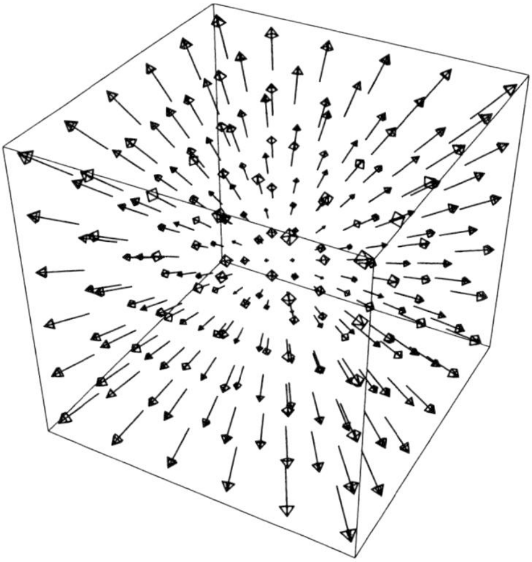

図 **3.4**　ベクトル場 $x\boldsymbol{i} + y\boldsymbol{j} + z\boldsymbol{k}$

定義 3.2 **(方向微分)**　f を空間 (または平面) 上のスカラー場 とする．$\boldsymbol{v}$ をベクトルとする．

$$\lim_{t\to 0}\frac{f(\mathrm{P}+t\boldsymbol{v})-f(\mathrm{P})}{t}=\frac{d}{dt}f(\mathrm{P}+t\boldsymbol{v})\Big|_{t=0} \tag{3.1}$$

を，点 P における f の $\boldsymbol{v}$ **方向の微分係数**と呼ぶ．ここで $\mathrm{P}+t\boldsymbol{v}$ は P を ベクトル $t\boldsymbol{v}$ の方向と大きさに平行移動した点を表す．

例題 3.1　xy 平面上のスカラー場 $f(x,y)=x^2+xy$ に対して，点 $\mathrm{P}(2,3)$ における $\boldsymbol{v}=\begin{pmatrix}1\\-2\end{pmatrix}$ 方向の微分係数を求めよ．

(解答)

$$\begin{aligned}\frac{d}{dt}f(\mathrm{P}+t\boldsymbol{v})\Big|_{t=0}&=\frac{d}{dt}f(2+t,3-2t)\Big|_{t=0}\\&=\frac{d}{dt}\{(2+t)^2+(2+t)(3-2t)\}\Big|_{t=0}\\&=\{4+2t-1-4t\}\big|_{t=0}=3\end{aligned}$$

(解答終)

例題 3.1 と同様の計算により，次の命題が成り立つ．

命題 3.1　平面のスカラー場 f が，$\boldsymbol{i},\boldsymbol{j}$ を基本ベクトルとする直交座標系 (x,y) を使って，$f=f(x,y)$ で与えられるとき，点 $\mathrm{P}(x_0,y_0)$ における $\boldsymbol{v}=a\,\boldsymbol{i}+b\,\boldsymbol{j}$ 方向の微分係数は

$$f_x(x_0,y_0)a+f_y(x_0,y_0)b$$

である．

証明：
$$\left.\frac{d}{dt}f(\mathrm{P}+t\boldsymbol{v})\right|_{t=0} = \left.\frac{d}{dt}f(x_0+ta, y_0+tb)\right|_{t=0}$$
$$=\left.\left\{f_x(x_0+ta, y_0+tb)\frac{dx}{dt}+f_y(x_0+ta, y_0+tb)\frac{dy}{dt}\right\}\right|_{t=0}$$
$$=\left.\left\{f_x(x_0+ta, y_0+tb)a+f_y(x_0+ta, y_0+tb)b\right\}\right|_{t=0}$$
$$=f_x(x_0, y_0)a+f_y(x_0, y_0)b$$
□

空間のスカラー場に対しても，次が成り立つ．

命題 3.2　スカラー場 f が，$\boldsymbol{i}, \boldsymbol{j}, \boldsymbol{k}$ を基本ベクトルとする直交座標系 (x, y, z) を使って，$f = f(x, y, z)$ で与えられるとき，点 $\mathrm{P}(x_0, y_0, z_0)$ における $\boldsymbol{v} = a\,\boldsymbol{i} + b\,\boldsymbol{j} + c\,\boldsymbol{k}$ 方向の微分係数は

$$f_x(x_0, y_0, z_0)a + f_y(x_0, y_0, z_0)b + f_z(x_0, y_0, z_0)c \tag{3.2}$$

である．

練習問題 3.1

〔**1**〕次の xy 平面上のベクトル場を表す矢印をいくつか図示せよ．

(1) $x\boldsymbol{i} + y\boldsymbol{j}$　　(2) $y\boldsymbol{i} + x\boldsymbol{j}$　　(3) $x\boldsymbol{i}$

〔**2**〕命題 3.2 を証明せよ．

〔**3**〕次のスカラー場 f の点 P における $\boldsymbol{v}$ 方向の微分係数を，式(3.1) および式(3.2) に従った 2 通りの方法で計算せよ．

(1) $f = x + yz, \quad \mathrm{P}(2, 1, -1), \quad \boldsymbol{v} = \boldsymbol{j}$

(2) $f = x + yz, \quad \mathrm{P}(2, 1, -1), \quad \boldsymbol{v} = \boldsymbol{i} + 2\boldsymbol{j} + \boldsymbol{k}$

(3) $f = xy - y^2 + z, \quad \mathrm{P}(0, 1, 3), \quad \boldsymbol{v} = 2\boldsymbol{i} - \boldsymbol{j}$

(4) $f = xy - y^2 + z, \quad \mathrm{P}(-1, 0, 0), \quad \boldsymbol{v} = 2\boldsymbol{i} - \boldsymbol{j}$

(5) $f = \sin \pi xy + \cos \pi z, \quad \mathrm{P}(1, 1, 1), \quad \boldsymbol{v} = \boldsymbol{i} - 2\boldsymbol{j} + \boldsymbol{k}$

(6) $f = e^{xy+z}, \quad \mathrm{P}(0, 2, 1), \quad \boldsymbol{v} = \boldsymbol{j} + 2\boldsymbol{k}$

3.2 勾配ベクトル場

図 3.5 はある土地の地形図である.

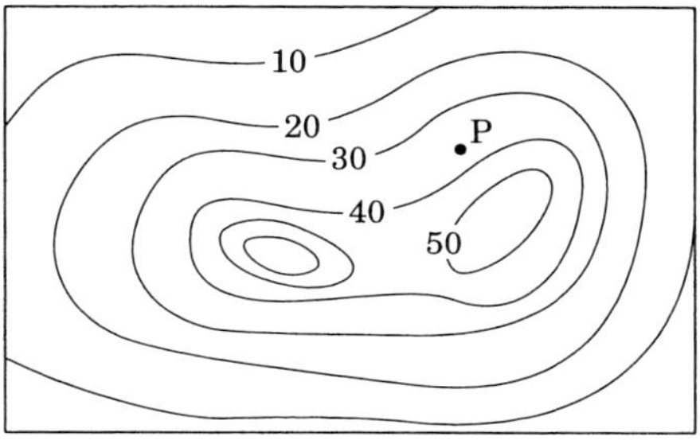

図 **3.5** 地形図

地点 P に雨が降ったら, 雨水はどの方角に流れるだろうか？ 答えは, P 地点に立って, 360 度ぐるりと見回したとき, 勾配が最も急な下り坂の方向である. 勾配が最も急な方向は等高線の間隔が最も狭い方向といえる.

数学的には, 高さを f とすれば, P における f の, 単位方向のうち方向微分係数が最小の方向といえる. すなわち, $|\boldsymbol{v}| = 1$ であるベクトル $\boldsymbol{v}$ のうち,

$$\frac{d}{dt} f(\mathrm{P} + t\boldsymbol{v})\Big|_{t=0}$$

が最小となる $\boldsymbol{v}$ が雨水の流れていく方向である.

位置を表すのに直交座標系 (x, y) を導入し, $\mathrm{P}(x_0, y_0)$, $\boldsymbol{v} = \begin{pmatrix} a \\ b \end{pmatrix}$ とすれば, 命題 3.1 より, 条件 $a^2 + b^2 = 1$ のもとで,

$$f_x(x_0, y_0)a + f_y(x_0, y_0)b \tag{3.3}$$

が最小となる方向 $\boldsymbol{v}$ が雨水の流れていく方向であることが分かる. 式(3.3) は内積を使えば,

$$\begin{pmatrix} f_x(x_0,y_0) \\ f_y(x_0,y_0) \end{pmatrix} \cdot \begin{pmatrix} a \\ b \end{pmatrix}$$

と書けることから, 式(3.3) は, $\begin{pmatrix} a \\ b \end{pmatrix}$ が $\begin{pmatrix} f_x(x_0,y_0) \\ f_y(x_0,y_0) \end{pmatrix}$ に平行のときに, (その向きに応じて) 最大値または最小値をとる.

つまり, 雨水は地点 $\mathrm{P}(x_0,y_0)$ から $-\begin{pmatrix} f_x(x_0,y_0) \\ f_y(x_0,y_0) \end{pmatrix}$ に平行な方向に流れてゆく.

以上をふまえて次の定義を与える.

定義 3.3　平面上のスカラー場 f に対して

$$\mathrm{grad}\, f = \frac{\partial f}{\partial x}\boldsymbol{i} + \frac{\partial f}{\partial y}\boldsymbol{j}$$

と定めて, これを f の**勾配**(gradient) ベクトル場と呼ぶ. ここで (x,y) は $\boldsymbol{i},\boldsymbol{j}$ を基本ベクトルとする直交座標系である.

記号 grad を使えば, スカラー場 f の点 P における $\boldsymbol{v}$ 方向の微分係数は

$$(\mathrm{grad}\, f)(\mathrm{P}) \cdot \boldsymbol{v}$$

と書くことができる.

命題 3.3　各点で, 勾配ベクトル場は等高線に垂直である.

証明：等高線 $f(x,y) = c$ のパラメータ表示を $\boldsymbol{r}(t) = (x(t), y(t))$ とする. $f(x(t),y(t)) = c$ が成り立つので, この両辺を t で微分すれば,

$$\frac{\partial f}{\partial x}(x(t),y(t))\frac{dx}{dt}(t) + \frac{\partial f}{\partial y}(x(t),y(t))\frac{dy}{dt}(t) = 0$$

が成り立つ. これは勾配ベクトル場 $\mathrm{grad}\, f = (\partial f/\partial x, \partial f/\partial y)$ と等高線の接ベクトル $d\boldsymbol{r}/dt = (dx/dt, dy/dt)$ の内積が 0 ということだから, 命題は示された.　□

空間のスカラー場 f に対しても, 同様の式で定義する.

定義 3.4 空間のスカラー場 f に対して

$$\operatorname{grad} f = \frac{\partial f}{\partial x}\boldsymbol{i} + \frac{\partial f}{\partial y}\boldsymbol{j} + \frac{\partial f}{\partial z}\boldsymbol{k}$$

と定義し, これを f の**勾配**(gradient) ベクトル場と呼ぶ. ここで (x, y, z) は $\boldsymbol{i}, \boldsymbol{j}, \boldsymbol{k}$ を基本ベクトルとする直交座標系である.

平面の場合でも空間の場合でも, 勾配ベクトル場に関して重要なことは, その定義が直交座標系 (x, y, z) のとり方によらないことである. つまり, 別の $\boldsymbol{i}', \boldsymbol{j}', \boldsymbol{k}'$ を基本ベクトルとする直交座標系 (x', y', z') により計算しても,

$$\frac{\partial f}{\partial x'}\boldsymbol{i}' + \frac{\partial f}{\partial y'}\boldsymbol{j}' + \frac{\partial f}{\partial z'}\boldsymbol{k}' = \frac{\partial f}{\partial x}\boldsymbol{i} + \frac{\partial f}{\partial y}\boldsymbol{j} + \frac{\partial f}{\partial z}\boldsymbol{k}$$

が成り立つ. この事実については, 次節で詳しく述べる.

練習問題 3.2

〔**1**〕次の xy 平面上のスカラー場の等高線を何本かかけ．また，勾配ベクトル場を計算し，それを表す矢印をいくつか図示せよ．

(1)　x^2+y^2　　(2)　$x-y$　　(3)　xy

〔**2**〕次の xy 平面上のスカラー場の勾配ベクトル場を計算せよ．

(1)　$x^3+x^2y+y^3$　　(2)　$\sqrt{1+x^2+y^2}$　　(3)　$\dfrac{1}{x^2+y^2}$

(4)　$\sin xy$　　(5)　$e^{x^2-y^2}$　　(6)　$\log\sqrt{x^2+y^2}$

〔**3**〕次の xyz 空間内のスカラー場の勾配ベクトル場を計算せよ．

(1)　xyz　　(2)　x^3+y^2+z　　(3)　$\dfrac{xy}{z}$

(4)　$\dfrac{x+y}{x+z}$　　(5)　$\sin xyz$　　(6)　e^{x+y+z}

〔**4**〕f, g をスカラー場，c を定数とするとき，次の等式を示せ．

(1)　$\mathrm{grad}(f+g)=\mathrm{grad}\,f+\mathrm{grad}\,g$

(2)　$\mathrm{grad}(cf)=c\,\mathrm{grad}\,f$

(3)　$\mathrm{grad}(fg)=g\,\mathrm{grad}\,f+f\,\mathrm{grad}\,g$

〔**5**〕次のスカラー場 f の勾配ベクトル場を求め，点 P における $\boldsymbol{v}$ 方向の方向微分を計算せよ．

(1)　$f=x^2+y^2$,　$\mathrm{P}(1,2)$,　$\boldsymbol{v}=2\boldsymbol{i}+3\boldsymbol{j}$

(2)　$f=x^2+y^2$,　$\mathrm{P}(3,1)$,　$\boldsymbol{v}=\boldsymbol{j}$

(3)　$f=xyz$,　$\mathrm{P}(1,-1,2)$,　$\boldsymbol{v}=\boldsymbol{i}+\boldsymbol{j}-2\boldsymbol{k}$

(4)　$f=xyz$,　$\mathrm{P}(1,0,1)$,　$\boldsymbol{v}=\boldsymbol{i}+\boldsymbol{j}$

〔**6**〕空間のスカラー場 f に対して，$f=c$ (定数) を満たす集合は一般に曲面になる．これを**等位面**と呼ぶ．空間のスカラー場の勾配ベクトル場は各点で等位面に垂直であることを示せ．

3.3 発散，回転

$\boldsymbol{i}, \boldsymbol{j}, \boldsymbol{k}$ を基本ベクトルとする直交座標系 (x, y, z) を用いて，新しい記号

$$\nabla = \boldsymbol{i}\frac{\partial}{\partial x} + \boldsymbol{j}\frac{\partial}{\partial y} + \boldsymbol{k}\frac{\partial}{\partial z} \tag{3.4}$$

を導入する．スカラー場 $f = f(x, y, z)$ に対して，

$$\begin{aligned}\nabla f &= \left(\boldsymbol{i}\frac{\partial}{\partial x} + \boldsymbol{j}\frac{\partial}{\partial y} + \boldsymbol{k}\frac{\partial}{\partial z}\right) f \\ &= \boldsymbol{i}\frac{\partial f}{\partial x} + \boldsymbol{j}\frac{\partial f}{\partial y} + \boldsymbol{k}\frac{\partial f}{\partial z} \\ &= \frac{\partial f}{\partial x}\boldsymbol{i} + \frac{\partial f}{\partial y}\boldsymbol{j} + \frac{\partial f}{\partial z}\boldsymbol{k}\end{aligned}$$

と計算する．つまり，$\nabla f = \operatorname{grad} f$ である．

定理 3.1　∇ は直交座標系によらずに定まる．

証明： 別の $\boldsymbol{i}', \boldsymbol{j}', \boldsymbol{k}'$ を基本ベクトルとする直交座標系 (x', y', z') に対して，

$$\nabla' = \boldsymbol{i}'\frac{\partial}{\partial x'} + \boldsymbol{j}'\frac{\partial}{\partial y'} + \boldsymbol{k}'\frac{\partial}{\partial z'}$$

とおくとき，$\nabla' = \nabla$ を示せばよい．

実際，1 章の補題 1.2 で見たように，基本ベクトルの間には，変換行列と呼ばれる直交行列 A により，関係式

$$\begin{pmatrix} \boldsymbol{i}' \\ \boldsymbol{j}' \\ \boldsymbol{k}' \end{pmatrix} = A \begin{pmatrix} \boldsymbol{i} \\ \boldsymbol{j} \\ \boldsymbol{k} \end{pmatrix}$$

すなわち，

$$(\boldsymbol{i}', \boldsymbol{j}', \boldsymbol{k}') = (\boldsymbol{i}, \boldsymbol{j}, \boldsymbol{k})^t A \tag{3.5}$$

が成り立ち，変換行列 A は

$$A = \begin{pmatrix} \partial x/\partial x' & \partial y/\partial x' & \partial z/\partial x' \\ \partial x/\partial y' & \partial y/\partial y' & \partial z/\partial y' \\ \partial x/\partial z' & \partial y/\partial z' & \partial z/\partial z' \end{pmatrix}$$

で与えられるのであった (式(1.11)).

一方，偏微分作用素の間には，

$$\begin{pmatrix} \partial/\partial x' \\ \partial/\partial y' \\ \partial/\partial z' \end{pmatrix} = \begin{pmatrix} \partial x/\partial x' & \partial y/\partial x' & \partial z/\partial x' \\ \partial x/\partial y' & \partial y/\partial y' & \partial z/\partial y' \\ \partial x/\partial z' & \partial y/\partial z' & \partial z/\partial z' \end{pmatrix} \begin{pmatrix} \partial/\partial x \\ \partial/\partial y \\ \partial/\partial z \end{pmatrix}$$
$$= A \begin{pmatrix} \partial/\partial x \\ \partial/\partial y \\ \partial/\partial z \end{pmatrix} \tag{3.6}$$

が成り立つ (付録 A.3 の式 (A.4) を参照せよ).

したがって，式(3.5), (3.6) より，

$$\nabla' = (\boldsymbol{i}',\ \boldsymbol{j}',\ \boldsymbol{k}') \begin{pmatrix} \partial/\partial x' \\ \partial/\partial y' \\ \partial/\partial z' \end{pmatrix} = (\boldsymbol{i},\ \boldsymbol{j},\ \boldsymbol{k})^t A\, A \begin{pmatrix} \partial/\partial x \\ \partial/\partial y \\ \partial/\partial z \end{pmatrix}$$
$$= (\boldsymbol{i},\ \boldsymbol{j},\ \boldsymbol{k}) \begin{pmatrix} \partial/\partial x \\ \partial/\partial y \\ \partial/\partial z \end{pmatrix} = \nabla \qquad \square$$

定理 3.1 の系として，スカラー場 f の勾配ベクトル場 $\mathrm{grad}\, f$ は座標系のとり方によらずに定まるベクトル場であることが分かる.

定義 3.5　ベクトル場 $\boldsymbol{A}$ に対して，

$$\mathrm{div}\, \boldsymbol{A} = \nabla \cdot \boldsymbol{A}$$

と定義し，これを $\boldsymbol{A}$ の**発散**(divergence) と呼ぶ．$\nabla \cdot \boldsymbol{A}$ の意味は，内積の計算をするようにしながら，∇ を $\boldsymbol{A}$ に作用させよ，ということである．すなわち，直交座標系 (x, y, z) では $\boldsymbol{A} = A_1\boldsymbol{i} + A_2\boldsymbol{j} + A_3\boldsymbol{k}$ に対して，

$$\mathrm{div}\,\boldsymbol{A} = \frac{\partial A_1}{\partial x} + \frac{\partial A_2}{\partial y} + \frac{\partial A_3}{\partial z} \tag{3.7}$$

である．

発散の意味

簡単のため，xy 平面上のベクトル場 $\boldsymbol{A} = A_1\boldsymbol{i}+A_2\boldsymbol{j}$ の発散 $\mathrm{div}\,\boldsymbol{A} = \dfrac{\partial A_1}{\partial x}+\dfrac{\partial A_2}{\partial y}$ を考える．

今，時間に対して一定の割合で，水が xy 平面上を流れているとする．その速度ベクトルから決まるベクトル場を $\boldsymbol{A} = A_1(x, y)\boldsymbol{i} + A_2(x, y)\boldsymbol{j}$ とする．

1 辺の長さがそれぞれ Δx, Δy であるような，微小な長方形 ABCD を考える．

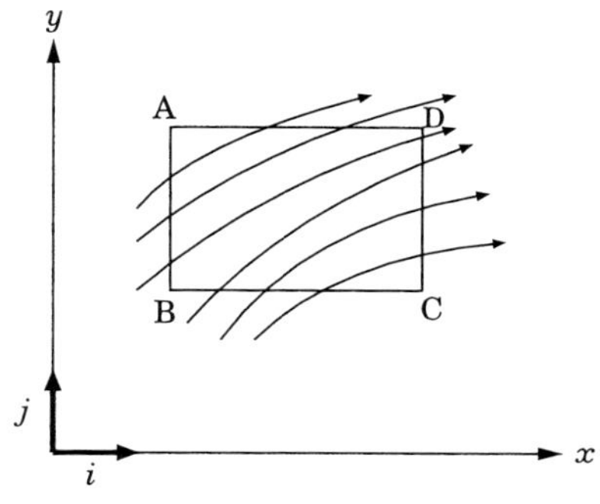

図 **3.6**　微小な長方形 ABCD と水の流れ

単位時間に，線分 AB を通って長方形 ABCD に流れこむ水の量は，速度 $\boldsymbol{A}$ の x 成分 A_1 と辺 AB の長さ Δy に比例するから，$A_1(x, y)\Delta y$ である．一方，DC を通って，長方形から流れ出す水の量は，$A_1(x + \Delta x, y)\Delta y$ である．したがって，AB, DC を通過する水の増減量は

$$A_1(x+\Delta x, y)\Delta y - A_1(x,y)\Delta y \tag{3.8}$$

である．

同様に，BC, AD を通過する水の増減量は

$$A_2(x, y+\Delta y)\Delta x - A_2(x,y)\Delta x \tag{3.9}$$

である．

ゆえに，微小な長方形 ABCD の面積 $\Delta x\Delta y$ あたりの水の増量率は，式(3.8) と (3.9) の和を $\Delta x\Delta y$ で割ったもの，すなわち，

$$\frac{A_1(x+\Delta x, y) - A_1(x,y)}{\Delta x} + \frac{A_2(x, y+\Delta y) - A_2(x,y)}{\Delta y} \tag{3.10}$$

で与えられる．ここで，極限 $\Delta x \to 0$, $\Delta y \to 0$ をとると，式(3.10) は $\dfrac{\partial A_1}{\partial x} + \dfrac{\partial A_2}{\partial y} = \operatorname{div} \boldsymbol{A}$ に収束する．

以上より，単位面積あたりの水の湧き出し量は，その流水の速度ベクトル場の発散で与えられることが分かった．

上の議論を，3 次元空間の場合に一般化すれば，流体の速度ベクトル場の発散は，単位体積あたりの流体の湧き出し量を意味することがわかる．

定義 3.6 ベクトル場 $\boldsymbol{A}$ に対して，

$$\operatorname{rot} \boldsymbol{A} = \nabla \times \boldsymbol{A}$$

と定義し，これを $\boldsymbol{A}$ の**回転**(rotation) と呼ぶ．$\nabla \times \boldsymbol{A}$ の意味は，外積の計算をするようにしながら，∇ を $\boldsymbol{A}$ に作用させよ，ということである．すなわち，直交座標系 (x, y, z) では，$\boldsymbol{A} = A_1\boldsymbol{i} + A_2\boldsymbol{j} + A_3\boldsymbol{k}$ に対して，

$$\operatorname{rot} \boldsymbol{A} = \left(\frac{\partial A_3}{\partial y} - \frac{\partial A_2}{\partial z}\right)\boldsymbol{i} + \left(\frac{\partial A_1}{\partial z} - \frac{\partial A_3}{\partial x}\right)\boldsymbol{j} + \left(\frac{\partial A_2}{\partial x} - \frac{\partial A_1}{\partial y}\right)\boldsymbol{k} \tag{3.11}$$

である．形式的に

$$\operatorname{rot} \boldsymbol{A} = \begin{vmatrix} \boldsymbol{i} & \boldsymbol{j} & \boldsymbol{k} \\ \partial/\partial x & \partial/\partial y & \partial/\partial z \\ A_1 & A_2 & A_3 \end{vmatrix}$$

と書くと覚えやすい．

div $\boldsymbol{A}$, rot $\boldsymbol{A}$ それぞれの計算 式(3.7), (3.11) もまた直交座標系のとり方によらないことを，念のため注意しておく．

例題 3.2 次を示せ．

(1) 任意のスカラー場 f に対して, $\operatorname{rot}\operatorname{grad} f = \boldsymbol{0}$ である．

(2) 任意のベクトル場 $\boldsymbol{A}$ に対して, $\operatorname{div}\operatorname{rot}\boldsymbol{A} = 0$ である．

(解答)　任意に直交座標系 (x, y, z) を定めて計算すればよい．

$$\begin{aligned}
\operatorname{rot}\operatorname{grad} f &= \operatorname{rot}(f_x\boldsymbol{i} + f_y\boldsymbol{j} + f_z\boldsymbol{k}) \\
&= \begin{vmatrix} \boldsymbol{i} & \boldsymbol{j} & \boldsymbol{k} \\ \partial/\partial x & \partial/\partial y & \partial/\partial z \\ f_x & f_y & f_z \end{vmatrix} \\
&= (f_{zy} - f_{yz})\boldsymbol{i} + (f_{zx} - f_{xz})\boldsymbol{j} + (f_{xy} - f_{yx})\boldsymbol{k} \\
&= \boldsymbol{0}.
\end{aligned}$$

$$
\begin{aligned}
&\operatorname{div}\operatorname{rot}\boldsymbol{A}\\
&=\operatorname{div}\left(\left(\frac{\partial A_3}{\partial y}-\frac{\partial A_2}{\partial z}\right)\boldsymbol{i}+\left(\frac{\partial A_1}{\partial z}-\frac{\partial A_3}{\partial x}\right)\boldsymbol{j}+\left(\frac{\partial A_2}{\partial x}-\frac{\partial A_1}{\partial y}\right)\boldsymbol{k}\right)\\
&=\frac{\partial}{\partial x}\left(\frac{\partial A_3}{\partial y}-\frac{\partial A_2}{\partial z}\right)+\frac{\partial}{\partial y}\left(\frac{\partial A_1}{\partial z}-\frac{\partial A_3}{\partial x}\right)+\frac{\partial}{\partial z}\left(\frac{\partial A_2}{\partial x}-\frac{\partial A_1}{\partial y}\right)\\
&=0
\end{aligned}
$$

（解答終）

定義 3.7 div grad(= ∇∇) をラプラシアンと呼び，△ で表す．直交座標系 x, y, z では，

$$\triangle=\frac{\partial^2}{\partial x^2}+\frac{\partial^2}{\partial y^2}+\frac{\partial^2}{\partial z^2}$$

である．ラプラシアン △ は直交座標系 (x, y, z) のとりかたによらない 2 階の偏微分作用素である．

偏微分方程式 $\triangle f=0$ を **Laplace**[1]**の方程式**と呼ぶ．

[1] Pierre Simon Laplace (1749–1827) フランスの数学者

練習問題 3.3

〔**1**〕次の ベクトル場の発散および回転を計算せよ.

(1) $x\boldsymbol{i} + y\boldsymbol{j} + z\boldsymbol{k}$　(2) $yz\boldsymbol{i} + zx\boldsymbol{j} + xy\boldsymbol{k}$　(3) $xy\boldsymbol{i} + (y+z)\boldsymbol{k}$

(4) $xyz\boldsymbol{i}$　(5) $e^x\boldsymbol{i} + z\boldsymbol{j} - e^{-z}\boldsymbol{k}$　(6) $(\sin x)\boldsymbol{i} + (\cos z)\boldsymbol{k}$

〔**2**〕f をスカラー場, $\boldsymbol{A}$, $\boldsymbol{B}$ をベクトル場とするとき, 次の等式を示せ.

(1) $\mathrm{div}(\boldsymbol{A}+\boldsymbol{B}) = \mathrm{div}\,\boldsymbol{A} + \mathrm{div}\,\boldsymbol{B}$　$(\nabla\cdot(\boldsymbol{A}+\boldsymbol{B}) = \nabla\cdot\boldsymbol{A} + \nabla\cdot\boldsymbol{B})$

(2) $\mathrm{div}(f\boldsymbol{A}) = \mathrm{grad}\,f\cdot\boldsymbol{A} + f\,\mathrm{div}\,\boldsymbol{A}$　$(\nabla\cdot(f\boldsymbol{A}) = \nabla f\cdot\boldsymbol{A} + f\nabla\cdot\boldsymbol{A})$

(3) $\mathrm{rot}(\boldsymbol{A}+\boldsymbol{B}) = \mathrm{rot}\,\boldsymbol{A} + \mathrm{rot}\,\boldsymbol{B}$　$(\nabla\times(\boldsymbol{A}+\boldsymbol{B}) = \nabla\times\boldsymbol{A} + \nabla\times\boldsymbol{B})$

(4) $\mathrm{rot}(f\boldsymbol{A}) = \mathrm{grad}\,f\times\boldsymbol{A} + f\,\mathrm{rot}\,\boldsymbol{A}$

$(\nabla\times(f\boldsymbol{A}) = \nabla f\times\boldsymbol{A} + f\nabla\times\boldsymbol{A})$

〔**3**〕次の等式を証明せよ.

(1) $\mathrm{div}(\boldsymbol{A}\times\boldsymbol{B}) = \boldsymbol{B}\cdot\mathrm{rot}\,\boldsymbol{A} - \boldsymbol{A}\cdot\mathrm{rot}\,\boldsymbol{B}$

(2) $\mathrm{rot}(\boldsymbol{A}\times\boldsymbol{B}) = (\boldsymbol{B}\cdot\nabla)\boldsymbol{A} - (\boldsymbol{A}\cdot\nabla)\boldsymbol{B} + (\nabla\cdot\boldsymbol{B})\boldsymbol{A} - (\nabla\cdot\boldsymbol{A})\boldsymbol{B}$

(3) $\mathrm{grad}(\boldsymbol{A}\cdot\boldsymbol{B}) = (\boldsymbol{B}\cdot\nabla)\boldsymbol{A} + (\boldsymbol{A}\cdot\nabla)\boldsymbol{B} + \boldsymbol{B}\times(\nabla\times\boldsymbol{A}) + \boldsymbol{A}\times(\nabla\times\boldsymbol{B})$

〔**4**〕次のスカラー場は $\triangle f = 0$ を満たすことを示せ.

(1) $f = x^2 - y^2$　(2) $f = e^x \cos y$　(3) $f = 1/\sqrt{x^2+y^2+z^2}$

〔**5**〕次の等式を証明せよ.

$$\triangle(fg) = g\triangle f + 2\nabla f\cdot\nabla g + f\triangle g$$

第4章

線積分, 面積分

4.1 線積分

曲線に向きもこめて考える．例えば，図4.1 のような曲線でも，A から B へ向かうものと B から A へ向かうものは別の曲線であると考える．向きを指定した曲線を**向きづけられた曲線**と呼ぶ．

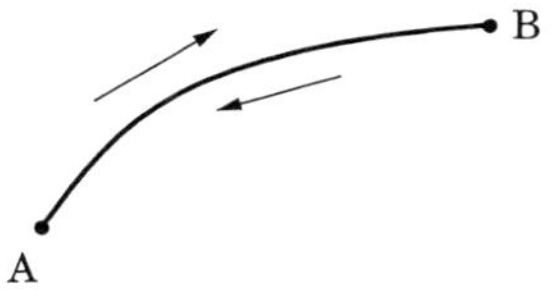

図 **4.1**　曲線の向き

定義 4.1　C を向きづけられた曲線，f を C 上のスカラー場とする．

C 上の f の**線積分** $\int_C f\,ds$ を次の手順 (1), (2) で定める．

(1) C の弧長パラメータ s による表示 $\boldsymbol{r} = \boldsymbol{r}(s)$, $a \leq s \leq b$ を求める．ただし，s の増加方向は曲線の正の向きに一致するようにする．

(2) (1) で求めた弧長パラメータ s による表示により，

$$\int_C f\,ds = \int_a^b f(\boldsymbol{r}(s))\,ds$$

と定める．

線積分に現れる曲線 C を**積分路**とも呼ぶ．

本書では，線積分を $\int_C$ で表すが，閉じた積分路 C などに対しては $\oint_C$ で表すこともよくある．

例題 4.1　xy 平面の $(0,0)$ から $(1,2)$ へ向かう線分 C に対して，線積分 $\displaystyle\int_C x^2y\,ds$ を求めよ．

（解答）　線分 C を弧長パラメータ s で表すと，

$$\boldsymbol{r}(s) = (s/\sqrt{5},\, 2s/\sqrt{5}), \quad 0 \leq s \leq \sqrt{5}$$

だから，

$$\int_C x^2y\,ds = \int_0^{\sqrt{5}} \left(\frac{s}{\sqrt{5}}\right)^2 \left(\frac{2s}{\sqrt{5}}\right) ds$$
$$= \frac{2}{5\sqrt{5}} \int_0^{\sqrt{5}} s^3\,ds = \frac{\sqrt{5}}{2}$$

（解答終）

一般に，曲線を弧長パラメータで具体的に表示するのは，逆関数などを用いなければならないので困難であるから，線積分の計算も困難であろうと思われるかもしれない．しかしながら，その心配はない．なぜなら，線積分の計算は弧長パラメータを使わなくてもできるからである．

命題 4.1　線積分 $\displaystyle\int_C f\,ds$ は次式で求めることができる．

$$\int_C f\,ds = \int_\alpha^\beta f(\boldsymbol{r}(t)) \left|\frac{d\boldsymbol{r}}{dt}\right| dt$$

ここで $\boldsymbol{r} = \boldsymbol{r}(t)$, $\alpha \leq t \leq \beta$ は積分路 C を任意にパラメータ表示したものである．ただし，$\boldsymbol{r}(\alpha)$ から $\boldsymbol{r}(\beta)$ へ向かう方向が C の正の方向であることとする．

証明：置換積分法より明らか．　□

例えば，例題 4.1 は，C を $\boldsymbol{r}(t) = (t, 2t)$, $0 \leq t \leq 1$ と表示して，

$$\int_0^1 t^2(2t)\sqrt{1^2+2^2}\,dt$$

により計算してもよい．命題 4.1 で大切なことは，線積分の値が積分路 C のパラメータ表示の仕方によらないことである．

例題 4.2 C を xy 平面上の曲線 $y=\sqrt{x}$ の $(0,0)$ から $(4,2)$ までの部分とする．$\displaystyle\int_C \sqrt{1+4x}\,ds$ を，次の 2 通りの方法で計算せよ．

(1) C を $\boldsymbol{r}(t)=\left(t,\sqrt{t}\right)$，$0\le t\le 4$ とパラメータ表示して．

(2) C を $\boldsymbol{r}(t)=(t^2,t)$，$0\le t\le 2$ とパラメータ表示して．

（解答） (1)
$$\int_C \sqrt{1+4x}\,ds = \int_0^4 \sqrt{1+4t}\,\sqrt{1+\left(\frac{1}{2}t^{-1/2}\right)^2}\,dt = \int_0^4 \frac{4t+1}{2\sqrt{t}}\,dt = \cdots = \frac{38}{3}$$

(2)
$$\int_C \sqrt{1+4x}\,ds = \int_0^2 \sqrt{1+4t^2}\,\sqrt{(2t)^2+1}\,dt = \int_0^2 (4t^2+1)\,dt = \cdots = \frac{38}{3}$$

（解答終）

積分路 C の反対向きの積分路を $-C$ で表す．例えば，図 4.1 において，A から B へ向かう曲線を C と呼ぶことにすると，B から A へ向かう曲線が $-C$ である．

また，2 つの積分路 C_1, C_2 があったとき，C_1, C_2 の順に積分するという積分路が考えられる．これを C_1+C_2 と書く．C_1 と C_2 はつながっていてもいなくとも，どちらでもよい．

図 4.2　積分路 $C_1 + C_2$

> **命題 4.2**　線積分に関して，次が成り立つ．
> $$\int_{C_1+C_2} f\,ds = \int_{C_1} f\,ds + \int_{C_2} f\,ds$$

区分的に滑らかな曲線 C が積分路であるときは，C をいくつかの滑らかな積分路に分けて積分し，それらの和をとればよい．

例題 4.3　xy 平面の 3 点 $(0,0)$, $(0,1)$, $(1,0)$ を頂点とする三角形の辺を，反時計まわりに 1 周する路を C とする．このとき，$I = \displaystyle\int_C (3x + 2y + xy)\,ds$ を求めよ．

（解答）　図 4.3 のように，$(0,0)$ から $(1,0)$ へ向かう線分を C_1，$(1,0)$ から $(0,1)$ へ向かう線分を C_2，$(0,1)$ から $(0,0)$ へ向かう線分を C_3 とする．各線分それぞれのパラメータ表示

$$C_1 : \boldsymbol{r}(t) = \begin{pmatrix} t \\ 0 \end{pmatrix},\ 0 \leq t \leq 1,$$

$$C_2 : \boldsymbol{r}(t) = \begin{pmatrix} 1-t \\ t \end{pmatrix},\ 0 \leq t \leq 1,$$

$$C_3 : \boldsymbol{r}(t) = \begin{pmatrix} 0 \\ 1-t \end{pmatrix},\ 0 \leq t \leq 1$$

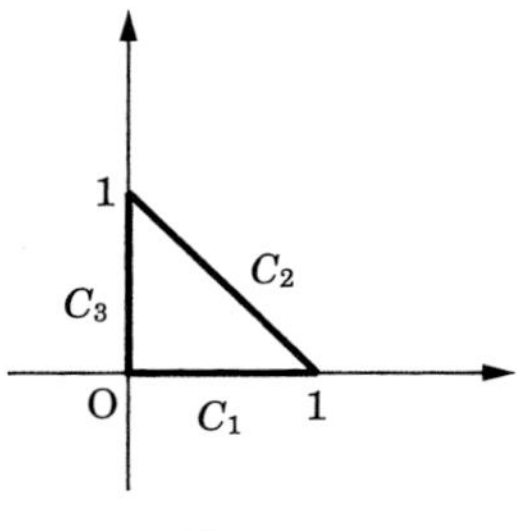

図 4.3

により，$I_i = \int_{C_i} (3x + 2y + xy)\,ds \ (i = 1, 2, 3)$ は

$$
\begin{aligned}
I_1 &= \int_0^1 (3t + 2 \cdot 0 + t \cdot 0)\,dt = \cdots = \frac{3}{2} \\
I_2 &= \int_0^1 \{3(1-t) + 2t + (1-t)t\}\,\sqrt{2}dt = \cdots = \frac{8\sqrt{2}}{3} \\
I_3 &= \int_0^1 \{3 \cdot 0 + 2(1-t) + 0 \cdot (1-t)\}\,dt = \cdots = 1
\end{aligned}
$$

と計算される．したがって，

$$I = I_1 + I_2 + I_3 = \frac{5}{2} + \frac{8}{3}\sqrt{2}$$

である．（解答終）

次の形のものも線積分と呼ばれる．

定義 4.2　C を向きづけられた曲線，$\boldsymbol{A}$ を C 上のベクトル場とする．$\int_C \boldsymbol{A} \cdot d\boldsymbol{s}$ は次の手順で定められるものである．

(1) C の弧長パラメータ s による表示 $\boldsymbol{r} = \boldsymbol{r}(s)$, $a \leq s \leq b$ を求める．ただし，s の増加方向が積分路の方向に一致するようにする．

(2) $\int_C \boldsymbol{A} \cdot d\boldsymbol{s} = \int_a^b \boldsymbol{A}(\boldsymbol{r}(s)) \cdot \frac{d\boldsymbol{r}}{ds}(s)\,ds$

線積分 $\int_C \boldsymbol{A} \cdot d\boldsymbol{s}$ の $d\boldsymbol{s}$ では $\boldsymbol{s}$ が太い文字であることに注意されたい．

この場合も，とくに弧長パラメータを使わなくとも計算できる．すなわち，C : $\boldsymbol{r} = \boldsymbol{r}(t)$, $\alpha \leq t \leq \beta$ により，

$$\int_C \boldsymbol{A} \cdot d\boldsymbol{s} = \int_\alpha^\beta \boldsymbol{A}(\boldsymbol{r}(t)) \cdot \frac{d\boldsymbol{r}}{dt}(t)\,dt$$

例題 4.4　xyz 空間の $(1, 0, 2)$ から $(0, 1, -1)$ へ向かう線分 C とベクトル場 $\boldsymbol{A} = y\,\boldsymbol{i} + (x + y)\,\boldsymbol{j} + z^2\,\boldsymbol{k}$ に対して，線積分 $\int_C \boldsymbol{A} \cdot d\boldsymbol{s}$ を求めよ．

（解答）

$$C : \boldsymbol{r}(t) = (1-t)\begin{pmatrix}1\\0\\2\end{pmatrix} + t\begin{pmatrix}0\\1\\-1\end{pmatrix} = \begin{pmatrix}1-t\\t\\2-3t\end{pmatrix},$$

$$0 \leq t \leq 1$$

より

$$\int_C \boldsymbol{A}\cdot d\boldsymbol{s} = \int_0^1 \begin{pmatrix}t\\1\\(2-3t)^2\end{pmatrix}\cdot\begin{pmatrix}-1\\1\\-3\end{pmatrix} dt$$

$$= \int_0^1 \left\{-t+1-3(2-3t)^2\right\} dt = \cdots = -\frac{5}{2}$$

（解答終）

次の形に表示された線積分も重要である．

定義 4.3 C を xyz 空間の向きづけられた曲線とし，f, g, h を C 上のスカラー場とする．

$$\int_C (f\ dx + g\ dy + h\ dz)$$

$$= \int_\alpha^\beta \left(f(\boldsymbol{r}(t))\frac{dx}{dt} + g(\boldsymbol{r}(t))\frac{dy}{dt} + h(\boldsymbol{r}(t))\frac{dz}{dt}\right) dt$$

であると定義する．ここで，$C : \boldsymbol{r}(t) = x(t)\boldsymbol{i} + y(t)\boldsymbol{j} + z(t)\boldsymbol{k}\,(\alpha \leq t \leq \beta)$.

実際に計算をするには，x, y, z をそれぞれ $x(t), y(t), z(t)$ に，dx, dy, dz をそれぞれ $x'(t)dt, y'(t)dt, z'(t)dt$ に置き換えればよい．また，f, g, h は，xyz 空間上で定義されていて，それを C 上に制限したスカラー場を考えることが多い．

例題 4.5 C を $\boldsymbol{r}(t) = t\boldsymbol{i} + t^2\boldsymbol{j} + t^3\boldsymbol{k}$ の $t=0$ から $t=1$ までの部分とする．このとき，線積分 $\displaystyle\int_C (xy\,dx + (y-z)\,dz)$ を計算せよ．

（解答）　$x = t,\ y = t^2,\ z = t^3$ より，$dx = dt,\ dy = 2t\,dt,\ dz = 3t^2\,dt$. ゆえに，

$$\int_C (xy\,dx + (y-z)\,dz) = \int_0^1 \left(tt^2\,dt + (t^2 - t^3)3t^2\,dt\right)$$
$$= \int_0^1 \left(t^3 + 3t^4 - 3t^5\right) dt = \left[\frac{t^4}{4} + \frac{3t^5}{5} - \frac{3t^6}{6}\right]_0^1 = \frac{7}{20}$$

（解答終）

命題 4.3　C を点 P_0 から P_1 へ向かう任意の曲線とする．このとき，

$$\int_C \operatorname{grad} f \cdot d\boldsymbol{s} = f(\mathrm{P}_1) - f(\mathrm{P}_0)$$

が成り立つ．

証明：$\boldsymbol{i}, \boldsymbol{j}, \boldsymbol{k}$ を基本ベクトルとする直交座標系 (x, y, z) を用いて証明する．

$$C : \boldsymbol{r}(t) = x(t)\boldsymbol{i} + y(t)\boldsymbol{j} + z(t)\boldsymbol{k},\ a \leq t \leq b,$$
$$\boldsymbol{r}(a) = \mathrm{P}_0, \quad \boldsymbol{r}(b) = \mathrm{P}_1$$

とする．

$$\begin{aligned}
&\int_C \operatorname{grad} f \cdot d\boldsymbol{s} \\
&= \int_C \left(\frac{\partial f}{\partial x}\boldsymbol{i} + \frac{\partial f}{\partial y}\boldsymbol{j} + \frac{\partial f}{\partial z}\boldsymbol{k}\right) \cdot \frac{d\boldsymbol{r}}{dt}\,dt \\
&= \int_a^b \left(\frac{\partial f}{\partial x}\frac{dx}{dt} + \frac{\partial f}{\partial y}\frac{dy}{dt} + \frac{\partial f}{\partial z}\frac{dz}{dt}\right) dt \\
&= \int_a^b \frac{d}{dt}\left\{f(x(t), y(t), z(t))\right\} dt \\
&= \Big[f(x(t), y(t), z(t))\Big]_{t=a}^{t=b} = f(\mathrm{P}_1) - f(\mathrm{P}_0)
\end{aligned}$$

□

命題 4.3 の興味深い点は, 左辺の積分値は積分路によらず端点における f の値のみによって決まることである.

練習問題 4.1

〔**1**〕 C を xy 平面上の $(0,0)$ から $(1,2)$ へ向かう線分とする．次の線積分を計算せよ．

(1) $\displaystyle\int_C (2x-3y)\,ds$　　(2) $\displaystyle\int_C xy\,ds$　　(3) $\displaystyle\int_C \sin x\,ds$

〔**2**〕 C を xy 平面上の円 $x^2+y^2=1$ (反時計回り) とする．次の線積分を計算せよ．

(1) $\displaystyle\int_C (x+y)\,ds$　　(2) $\displaystyle\int_C xy\,ds$　　(3) $\displaystyle\int_C |x|\,ds$

〔**3**〕 C を x 軸上を $(0,0)$ から $(2,0)$ まで進み，続けて $(2,1)$ まで y 軸に平行に進む路とする．次の線積分を計算せよ．

(1) $\displaystyle\int_C (x+y)\,ds$　　(2) $\displaystyle\int_C xy\,ds$　　(3) $\displaystyle\int_C \cos x\,ds$

〔**4**〕 C を xy 平面上の曲線 $y=x^2$ の $(0,0)$ から $(1,1)$ まで向かう部分とする．次のベクトル場 $\boldsymbol{A}$ に対し，線積分 $\displaystyle\int_C \boldsymbol{A}\cdot d\boldsymbol{s}$ を求めよ．

(1) $\boldsymbol{A}=2x\,\boldsymbol{i}-3y\,\boldsymbol{j}$　　(2) $\boldsymbol{A}=xy\,\boldsymbol{i}-y^2\,\boldsymbol{j}$　　(3) $\boldsymbol{A}=\cos x\,\boldsymbol{i}$

〔**5**〕 次の線積分を計算せよ．

(1) $\displaystyle\int_C (x\,dx+xy\,dy)$, C は $(0,0)$ から $(1,-1)$ に進む線分．

(2) $\displaystyle\int_C ((x+y)\,dx-2\,dy)$, C は $(-1,1)$ から $(1,-1)$ に進む線分．

(3) $\displaystyle\int_C (y\,dx-x\,dy)$, C は $x^2+y^2=1$ 上を反時計回りに 1 周．

(4) $\displaystyle\int_C \left(x^2y\,dx-xy^2\,dy\right)$, C は $(0,0)$, $(1,0)$, $(1,1)$, $(0,1)$ を頂点とする正方形 (反時計回りに 1 周)．

(5) $\displaystyle\int_C y\,dx$, C は x 軸上を $(-1,0)$ から $(1,0)$ まで進み，続いて $x^2+y^2=1$

上を反時計回りに $(-1,0)$ に戻る路.

〔**6**〕 C を xyz 空間内の $(1,0,-1)$ から $(2,2,3)$ へ向かう線分とする. 次の線積分を計算せよ.

(1) $\displaystyle\int_C (x+y+z)\,ds$

(2) $\displaystyle\int_C (xy+z^2)\,ds$

(3) $\displaystyle\int_C xyz\,ds$

(4) $\displaystyle\int_C (x\boldsymbol{i}+y\boldsymbol{j}+z\boldsymbol{k})\cdot d\boldsymbol{s}$

(5) $\displaystyle\int_C (xy\boldsymbol{j}-z^2\boldsymbol{k})\cdot d\boldsymbol{s}$

(6) $\displaystyle\int_C (x\,dx-z\,dy+yz\,dz)$

(7) $\displaystyle\int_C ((x+y)\,dx-dz)$

(8) $\displaystyle\int_C (x\,dx+y\,dy)$

4.2 平面の Green の定理

積分定理と呼ばれるいくつかの定理がある．これらは本質的には同じものである．本節では，そのうちの 1 つ，平面の **Green**[1]の定理を説明する．

D を xy 平面の領域とするとき，その境界を ∂D と書く．ここでは，∂D は有限個の区分的に滑らかな閉曲線であると仮定する．そして，断らない限り，∂D は次のように向きづける．

∂D 上を正の方向に進んだとき，その進行方向に対して D を左に見て進むようにする．図 4.4 を例にとれば，矢印の方向が正の方向である．

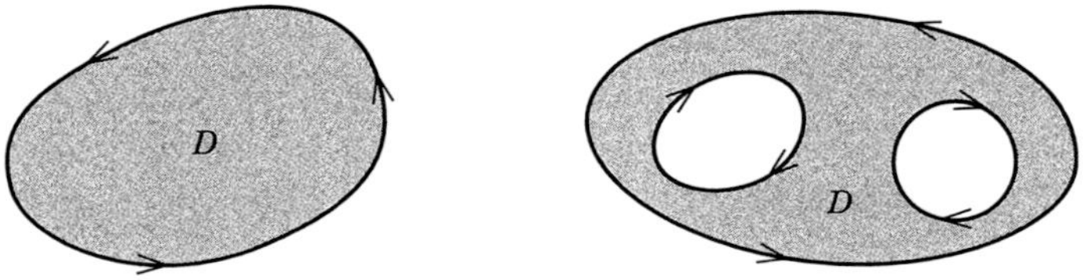

図 **4.4**　∂D の正の向き

定理 4.1 (Green の定理)　f, g を 閉領域 $\overline{D}$ を含むある領域で連続で，かつ連続な偏導関数をもつ関数とする．このとき，次の等式が成り立つ．

$$\iint_D \left(\frac{\partial g}{\partial x} - \frac{\partial f}{\partial y}\right) dxdy = \int_{\partial D} (f\,dx + g\,dy) \tag{4.1}$$

証明：

(I)　まず D が次の式(4.2), (4.3) のどちらのタイプの不等式でも表示できる場合を証明する．

$$a \leq x \leq b,\ \phi_1(x) \leq y \leq \phi_2(x) \tag{4.2}$$

$$c \leq y \leq d,\ \psi_1(y) \leq x \leq \psi_2(y) \tag{4.3}$$

1　George Green (1793–1841) イギリスの数学者

つまり，領域 D が図 4.5 のような場合を証明する．

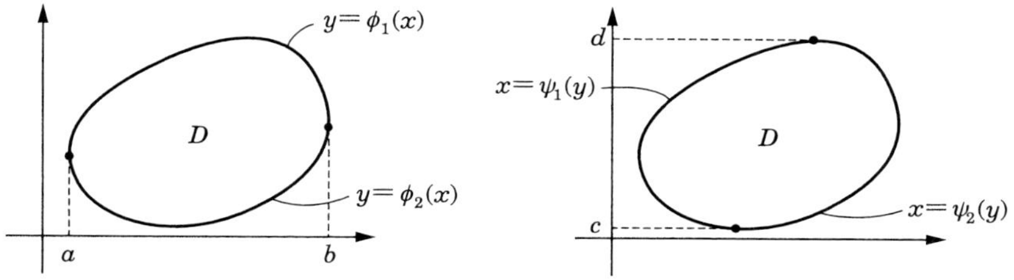

図 4.5　領域 D

D が式(4.3) で表示できるから，次の式変形ができる．

$$\begin{aligned}\iint_D \frac{\partial g}{\partial x}\,dxdy &= \int_c^d \left\{ \int_{\psi_1(y)}^{\psi_2(y)} \frac{\partial g}{\partial x}\,dx \right\} dy \\ &= \int_c^d \left\{ \Big[g(x,y) \Big]_{x=\psi_1(y)}^{x=\psi_2(y)} \right\} dy \\ &= \int_c^d \{ g\left(\psi_2(y), y\right) - g\left(\psi_1(y), y\right)\} \,dy \\ &= \int_c^d g\left(\psi_2(y), y\right)\,dy - \int_c^d g\left(\psi_1(y), y\right)\,dy\end{aligned}$$

一方，式(4.3) より，境界 ∂D は y をパラメータとして

$$C_1 : \boldsymbol{r}(y) = (\psi_2(y), y)\,,\ c \le y \le d,$$

$$C_2 : \boldsymbol{r}(y) = (\psi_1(y), y)\,,\ c \le y \le d,$$

$$\partial D = C_1 + (-C_2)$$

と表示できる．これにより上の計算を続けると

$$\iint_D \frac{\partial g}{\partial x}\,dxdy = \int_{C_1} g\,dy - \int_{C_2} g\,dy = \int_{C_1 - C_2} g\,dy = \int_{\partial D} g\,dy$$

となる．

同様に，D が式(4.2) で表示できることから，

$$\iint_D \frac{\partial f}{\partial y}\, dxdy = -\int_{\partial D} f\, dx$$

が成り立つことが分かる．

以上より，図 4.5 のような領域 D に対しては等式(4.1) が正しいことが証明された．

(II) 次に D が一般的な場合を考える．D をいくつかの部分領域 $D_1, D_2, \ldots, D_n$ に分割して，各 D_j が **(I)** で述べた式(4.2), (4.3) 型の不等式で表示ができるようにする (図 4.6 参照).

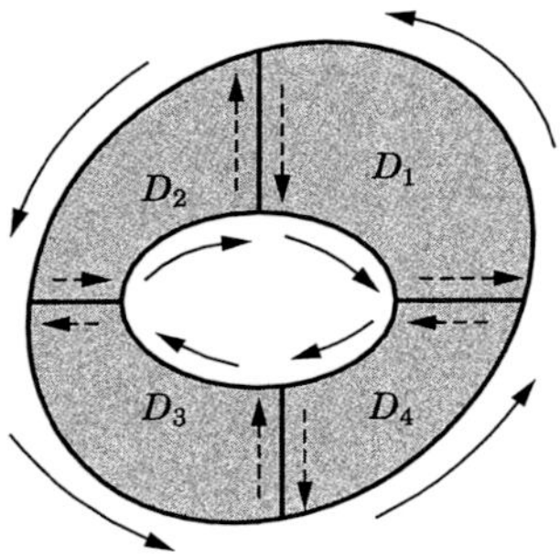

図 **4.6**　D の分割

このとき，各 D_j $(j = 1, 2, \ldots, n)$ では等式(4.1) が成り立つ，すなわち，

$$\iint_{D_j} \left(\frac{\partial g}{\partial x} - \frac{\partial f}{\partial y}\right) dxdy = \int_{\partial D_j} (f\, dx + g\, dy)$$

両辺をそれぞれ j について和をとると，

$$\iint_D \left(\frac{\partial g}{\partial x} - \frac{\partial f}{\partial y}\right) dxdy = \int_{\partial D_1 + \cdots + \partial D_n} (f\, dx + g\, dy) \tag{4.4}$$

ここで，式(4.4) の右辺の積分であるが，2 つの部分領域の共通の境界になっているところでは，積分路として 2 回通ることになる (図 4.6 では，点線の矢印で表された積分路のことである)．その 2 回は反対方向であるから，積分の値は打ち消し合って 0 である．したがって，実際に積分すべき積分路は ∂D で十分である．すなわち，

$$\int_{\partial D_1+\cdots+\partial D_n}(f\,dx+g\,dy)=\int_{\partial D}(f\,dx+g\,dy) \tag{4.5}$$

式 (4.4), (4.5) より証明された. □

例 4.1 xy 平面の領域 D の面積 $A(D)$ は

$$A(D)=\frac{1}{2}\int_{\partial D}(x\,dy-y\,dx)=\int_{\partial D}x\,dy=-\int_{\partial D}y\,dx \tag{4.6}$$

で与えられる. なぜなら, 各辺の線積分は Green の定理によりそれぞれ $\iint_D dxdy$ に等しいからである.

例として, 半径 a の円の内部面積 A を求めてみよう.

$D: x^2+y^2<a^2$ に式 (4.6) を適用すればよい. $\partial D: x=a\cos t,\ y=a\sin t,\ 0\le t\le 2\pi$ と表示して,

$$\begin{aligned}A&=\frac{1}{2}\int_{\partial D}(x\,dy-y\,dx)\\&=\frac{1}{2}\int_0^{2\pi}(a\cos t)(a\cos t\,dt)-(a\sin t)(-a\sin t\,dt)\\&=\frac{1}{2}\int_0^{2\pi}a^2\,dt=\pi a^2\end{aligned}$$

例題 4.6 h を平面上のスカラー場とするとき, 次の等式を示せ.

$$\iint_D \triangle h\,dxdy=\int_{\partial D}\mathrm{grad}\,h\cdot\boldsymbol{n}\,ds$$

ここで, $\boldsymbol{n}$ は ∂D の外向き単位法ベクトル場.

(解答) ∂D を弧長パラメータ s で $\partial D:\boldsymbol{r}(s)=\begin{pmatrix}x(s)\\y(s)\end{pmatrix}$ と表示すると, 外向き単位法ベクトル場 $\boldsymbol{n}$ は $\boldsymbol{n}=\boldsymbol{n}(s)=\begin{pmatrix}y'(s)\\-x'(s)\end{pmatrix}$ と表される.

したがって, 定理 4.1 を, $g=\partial h/\partial x,\ f=-\partial h/\partial y$ に適用すると,

$$
\begin{aligned}
(\text{左辺}) &= \iint_D \left(\frac{\partial^2 h}{\partial x^2} + \frac{\partial^2 h}{\partial y^2} \right) dxdy \\
&= \int_{\partial D} \left(-\frac{\partial h}{\partial y} dx + \frac{\partial h}{\partial x} dy \right) \\
&= \int_{\partial D} \left(-\frac{\partial h}{\partial y} x'(s) + \frac{\partial h}{\partial x} y'(s) \right) ds \\
&= \int_{\partial D} \begin{pmatrix} \partial h/\partial x \\ \partial h/\partial y \end{pmatrix} \cdot \begin{pmatrix} y'(s) \\ -x'(s) \end{pmatrix} ds \\
&= (\text{右辺})
\end{aligned}
$$

（解答終）

Green の定理において，関数 f, g の連続性に関する仮定は気をつけなければならない．例えば，次のような例を考えてみる．

例 4.2　領域 $D : x^2 + y^2 \leq 1$ と関数

$$
f(x, y) = -\frac{y}{x^2 + y^2}, \quad g(x, y) = \frac{x}{x^2 + y^2}
$$

を考える．これらの D, f, g には，定理 4.1 は適用できない．なぜなら，f, g は原点 $(0, 0)$ で定義すらされていない関数だから，定理の仮定をみたさないからである．

実際に，それらに対して，式(4.1) の両辺を計算してみる．

$$
\begin{aligned}
&\iint_D \left(\frac{\partial g}{\partial x} - \frac{\partial f}{\partial y} \right) dxdy \\
&\qquad = \iint_D \left(\frac{-x^2 + y^2}{(x^2 + y^2)^2} - \frac{-x^2 + y^2}{(x^2 + y^2)^2} \right) dxdy \\
&\qquad = \iint_D 0 \, dxdy = 0.
\end{aligned}
$$

今，計算した $\displaystyle\iint_D \left(\frac{\partial g}{\partial x} - \frac{\partial f}{\partial y} \right) dxdy$ は，広義積分であることを念のため注意しておく．

一方，$\int_{\partial D}(f\,dx + g\,dy)$ は，∂D のパラメータ表示を $x = \cos t$, $y = \sin t$, $0 \leq t \leq 2\pi$ として，

$$
\begin{aligned}
&\int_{\partial D}(f\,dx + g\,dy)\\
&\qquad = \int_0^{2\pi}\left(\frac{-\sin t}{1}\right)(-\sin t\ dt) + \left(\frac{\cos t}{1}\right)(\cos t\ dt)\\
&\qquad = \int_0^{2\pi} dt = 2\pi.
\end{aligned}
$$

である．したがって，等式(4.1) は成り立たない．

練習問題 4.2

〔**1**〕平面の Green の定理を用いて，次の積分を計算せよ．

(1) $\displaystyle\int_C (y\,dx + 3x\,dy)$, C は $(0,0)$, $(2,0)$, $(1,3)$ を頂点とする三角形の境界 (反時計回り)

(2) $\displaystyle\int_C (xy\,dx + x^2\,dy)$, C は $(0,0)$, $(1,0)$, $(1,1)$, $(0,1)$ を頂点とする正方形の境界 (反時計回り)

(3) $\displaystyle\int_C (3xy^2 + x^3)\,dy$, $C : x^2 + y^2 = 1$ (反時計回り)

(4) $\displaystyle\int_C ((e^x - y)\,dx + (e^y + 2x)\,dy)$, $C : x^2 + y^2 = 1$ (反時計回り)

〔**2**〕楕円 $x^2/a^2 + y^2/b^2 = 1$ の内部面積を求めよ．

〔**3**〕n, m を自然数とする．2 曲線 $y = x^n$, $x = y^m$ によって囲まれた第 1 象限の領域の面積を求めよ．

〔**4**〕カージオイド $\begin{cases} x = (1 - \cos t)\cos t \\ y = (1 - \cos t)\sin t \end{cases}$, $0 \leq t \leq 2\pi$ の内部面積を求めよ．

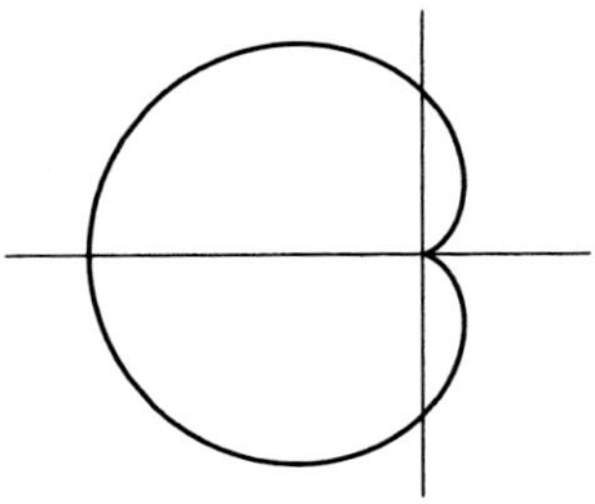

図 4.7 カージオイド

〔**5**〕 アステロイド $\begin{cases} x = \cos^3 t \\ y = \sin^3 t \end{cases}$, $0 \leq t \leq 2\pi$ の内部面積を求めよ．

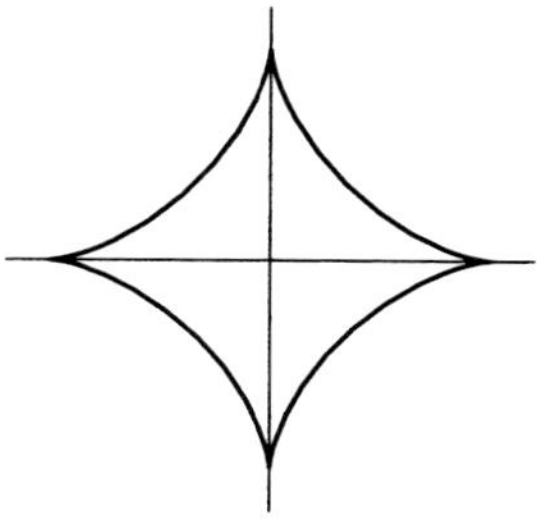

図 4.8　アステロイド

〔**6**〕 $D : (0 <)\ \varepsilon^2 \leq x^2 + y^2 \leq 1$ とし，

$$f(x, y) = -\frac{y}{x^2 + y^2}, \quad g(x, y) = \frac{x}{x^2 + y^2}$$

に対して Green の定理の等式(4.1) が成り立つことを，等式の両辺をそれぞれ計算することにより確かめよ．

4.3 面積分

定義 4.4 S を曲面とし，f を曲面 S 上のスカラー場とする．このとき S 上の f の**面積分** $\iint_S f\,dS$ を

$$\iint_S f\,dS = \iint_D f(\boldsymbol{r}(u,v))\left|\frac{\partial \boldsymbol{r}}{\partial u} \times \frac{\partial \boldsymbol{r}}{\partial v}\right| dudv$$

で定義する．ここで $\boldsymbol{r} = \boldsymbol{r}(u,v)$, $(u,v) \in D$ は S のパラメータ表示である．

面積分の定義が，曲面 S のパラメータ表示の仕方によらないことは，微分積分学で学んだ二重積分の変数変換の公式により，直接計算で確かめることができる．

例題 4.7 xyz 空間内の曲面 $S : x+y+z=1, x \geq 0, y \geq 0, z \geq 0$ に対して，$\iint_S (xy+z)\,dS$ を計算せよ．

（解答） 例えば，S を

$$\boldsymbol{r}(u,v) = \begin{pmatrix} u \\ v \\ 1-u-v \end{pmatrix}$$

$$D : 0 \leq u \leq 1,\ 0 \leq v \leq -u+1$$

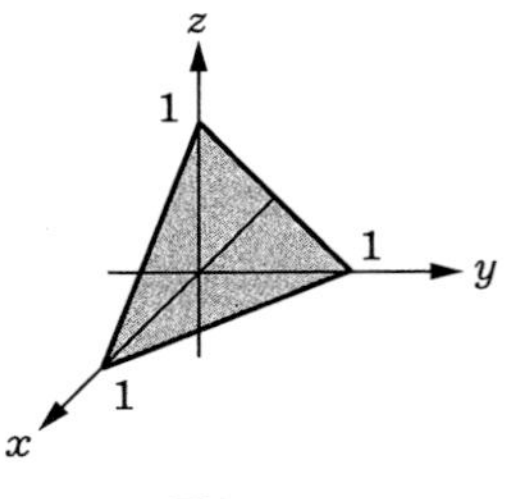

図 4.9

とパラメータ表示する．このとき，$\left|\frac{\partial \boldsymbol{r}}{\partial u} \times \frac{\partial \boldsymbol{r}}{\partial v}\right| = \sqrt{3}$.

したがって，

$$\iint_S (xy+z)\,dS = \iint_D \{uv + (1-u-v)\}\sqrt{3}\,dudv$$
$$= \sqrt{3}\int_0^1 \left\{\int_0^{1-u} (uv+1-u-v)\,dv\right\} du$$
$$= \frac{5\sqrt{3}}{24}$$

（解答終）

恒等的に 1 であるようなスカラー場の面積分 $\iint_S 1\,dS$ は，単に $\iint_S dS$ と書く．これは曲面 S の面積に他ならない．

曲面の向き

定義 4.4 で述べたもの以外にも，面積分と呼ばれる積分がいくつかある．それらを理解するために，曲面の向きを考える必要がある．

定義 4.5　曲面全体で定義された連続的な単位法ベクトル場が存在するとき，その曲面は**向きづけ可能**であるという．

向きづけ可能曲面に単位法ベクトル場 $\boldsymbol{n}$ を指定したものを**向きづけられた曲面**と呼ぶ．曲面を向きづけるということは，その曲面に表裏の区別をつけることである，といってもよい．

本書で，ここまで扱ってきた曲面のすべての例は，向きづけ可能曲面である．向きづけることのできない曲面の例をあげておこう．

例 4.3 (Möbius[2]の帯)　図 4.10 のような曲面を **Möbius の帯**と呼ぶ．向きづけ不可能な曲面の典型的な例である．

2　August Ferdinand Möbius (1790–1868) ドイツの数学者

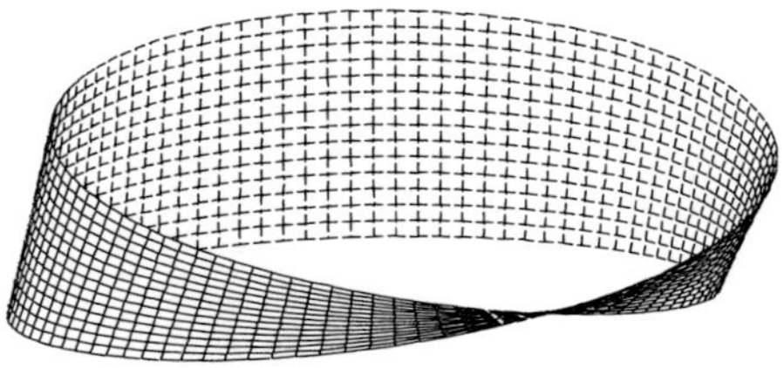

図 **4.10**　Möbius の帯

向きづけ可能曲面には単位法ベクトル場が 2 つある．例えば，$\boldsymbol{r} = \boldsymbol{r}(u, v)$ とパラメータ表示されていれば

$$\boldsymbol{n} = \frac{\boldsymbol{r}_u \times \boldsymbol{r}_v}{|\boldsymbol{r}_u \times \boldsymbol{r}_v|} \text{ または } \boldsymbol{n} = -\frac{\boldsymbol{r}_u \times \boldsymbol{r}_v}{|\boldsymbol{r}_u \times \boldsymbol{r}_v|}$$

が単位法ベクトル場である．

定義 4.6　S を xyz 空間の向きづけられた曲面とし，$\boldsymbol{n}$ をその単位法ベクトル場とする．

スカラー場 f, g, h に対して

$$\iint_S (f\,dydz + g\,dzdx + h\,dxdy) = \iint_S (f\boldsymbol{i} + g\boldsymbol{j} + h\boldsymbol{k}) \cdot \boldsymbol{n}\,dS \quad (4.7)$$

と定義する．

形式的に $d\boldsymbol{S} = \boldsymbol{n}\,dS$ なる記号を導入すると，$\boldsymbol{A} = f\boldsymbol{i} + g\boldsymbol{j} + h\boldsymbol{k}$ とおけば，式(4.7) の右辺は

$$\iint_S \boldsymbol{A} \cdot d\boldsymbol{S}$$

と簡潔に書くことができる．今後，必要に応じてこの記法も使う．

曲面 S がパラメータ表示 $S : \boldsymbol{r} = \boldsymbol{r}(u, v),\ (u, v) \in D$ により与えられ，$\boldsymbol{n} = \dfrac{\boldsymbol{r}_u \times \boldsymbol{r}_v}{|\boldsymbol{r}_u \times \boldsymbol{r}_v|}$ により向きづけられているとき，

$$\begin{aligned}\iint_S \boldsymbol{A} \cdot d\boldsymbol{S} &= \iint_S \boldsymbol{A} \cdot \boldsymbol{n}\, dS \\ &= \iint_D \boldsymbol{A} \cdot \frac{\boldsymbol{r}_u \times \boldsymbol{r}_v}{|\boldsymbol{r}_u \times \boldsymbol{r}_v|} |\boldsymbol{r}_u \times \boldsymbol{r}_v|\, dudv \\ &= \iint_D \boldsymbol{A} \cdot (\boldsymbol{r}_u \times \boldsymbol{r}_v)\, dudv \qquad (4.8)\end{aligned}$$

である．また，$\boldsymbol{n} = -\dfrac{\boldsymbol{r}_u \times \boldsymbol{r}_v}{|\boldsymbol{r}_u \times \boldsymbol{r}_v|}$ により向きづけられているならば，

$$\iint_S \boldsymbol{A} \cdot d\boldsymbol{S} = -\iint_D \boldsymbol{A} \cdot (\boldsymbol{r}_u \times \boldsymbol{r}_v)\, dudv \qquad (4.9)$$

実際に，具体的な計算をするときは，公式(4.8), (4.9) が使いやすい．

例題 4.8　円柱面 $S : x^2 + y^2 = 4,\ 0 \leq z \leq 1$ を，外向き単位法ベクトル場を $\boldsymbol{n}$ にとることにより向きづける．

$$I = \iint_S (x\, dydz - zy\, dxdy)$$

を計算せよ．

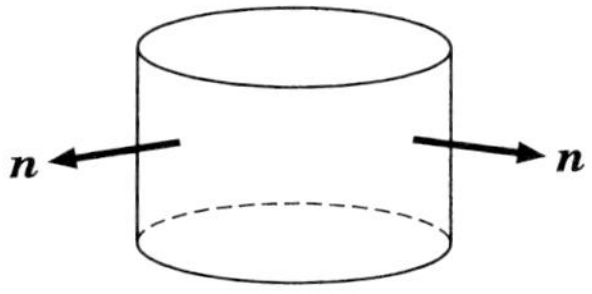

図 4.11

（解答）　S を

$$\boldsymbol{r}(u, v) = \begin{pmatrix} 2\cos u \\ 2\sin u \\ v \end{pmatrix}$$

$$0 \leq u \leq 2\pi,\ 0 \leq v \leq 1$$

とパラメータ表示する．公式(4.8) に必要な式は

$$\boldsymbol{A} = \begin{pmatrix} x \\ 0 \\ -zy \end{pmatrix} = \begin{pmatrix} 2\cos u \\ 0 \\ -2v\sin u \end{pmatrix}$$

$$\boldsymbol{r}_u \times \boldsymbol{r}_v = \begin{pmatrix} 2\cos u \\ 2\sin u \\ 0 \end{pmatrix} (= 2\boldsymbol{n})$$

だから，

$$I = \int_0^1 \int_0^{2\pi} (4\cos^2 u + 0 + 0)\, dudv = 4\pi$$ （解答終）

練習問題 4.3

〔**1**〕 $S : x + \dfrac{y}{2} + \dfrac{z}{3} = 1,\, x \geq 0,\, y \geq 0,\, z \geq 0$ に対して，次の面積分を計算せよ．

(1) $\displaystyle\iint_S (x + y + z)\, dS$

(2) $\displaystyle\iint_S xy\, dS$

〔**2**〕 円柱面 $S : x^2 + y^2 = 1,\, 0 \leq z \leq 2$ に対して，次の面積分を計算せよ．

(1) $\displaystyle\iint_S (ax + by + cz)\, dS$

(2) $\displaystyle\iint_S xyz\, dS$

〔**3**〕 球面 $S : x^2 + y^2 + z^2 = 1$ に対して，次の面積分を計算せよ．

$$\iint_S (x^2 + y^2 + 1)\, dS$$

〔**4**〕 $S : x + y + z = 2,\, x \geq 0,\, y \geq 0,\, z \geq 0$ に対して，次の面積分を計算せよ．

ただし，$\boldsymbol{n} = \dfrac{1}{\sqrt{3}} \begin{pmatrix} 1 \\ 1 \\ 1 \end{pmatrix}$ とする．

(1) $\displaystyle\iint_S (x\, dydz + y\, dzdx + z\, dxdy)$

(2) $\displaystyle\iint_S (z\boldsymbol{i} + x^2 \boldsymbol{j}) \cdot d\boldsymbol{S}$

〔**5**〕 回転トーラス

$$T : \boldsymbol{r}(u, v) = \begin{pmatrix} (a + b\cos u)\cos v \\ (a + b\cos u)\sin v \\ b\sin u \end{pmatrix}, \qquad 0 \leq u \leq 2\pi, \quad 0 \leq v \leq 2\pi$$

に対して，次の問いに答えよ．

(1)　単位法ベクトル場 $\boldsymbol{n} = \dfrac{\boldsymbol{r}_u \times \boldsymbol{r}_v}{|\boldsymbol{r}_u \times \boldsymbol{r}_v|}$ を求めよ.

(2)　$\displaystyle\iint_T (1 + z^2)\, dS$ を求めよ.

(3)　$\displaystyle\iint_T dxdy$ を求めよ.

(4)　$\displaystyle\iint_T (x\boldsymbol{i} + y\boldsymbol{j} + z\boldsymbol{k}) \cdot d\boldsymbol{S}$ を求めよ.

4.4 Gaussの発散定理

空間の領域 V 上でのスカラー場 f の積分 $\iiint_V f\,dV$ は，直交座標系 (x,y,z) により，

$$\iiint_V f\,dV = \iiint_V f(x,y,z)\,dxdydz$$

と計算される量である．

定理 4.2 (Gauss[3]の発散定理) 空間の領域 V とベクトル場 $\boldsymbol{A}$ に対して，

$$\iiint_V \operatorname{div}\boldsymbol{A}\,dV = \iint_{\partial V} \boldsymbol{A}\cdot d\boldsymbol{S} \tag{4.10}$$

が成り立つ．ただし，右辺の計算では$\boldsymbol{n}$を ∂V の外向きにとるものとする．また，(4.10) を直交座標系 (x,y,z) で記述すれば次のとおりである．

$$\iiint_V \left(\frac{\partial A_1}{\partial x} + \frac{\partial A_2}{\partial y} + \frac{\partial A_3}{\partial z}\right) dxdydz$$
$$= \iint_{\partial V} (A_1\,dydz + A_2\,dzdx + A_3\,dxdy)$$

例題 4.9 空間内の 1 点 P_0 と閉曲面 S を考える．ベクトル場 $\boldsymbol{A}$ を $\boldsymbol{A}(\mathrm{P}) = (\overrightarrow{\mathrm{P_0P}})$ とする．すなわち，$\boldsymbol{A}$ は，各点 P に対して P_0 からの位置ベクトル $\boldsymbol{A}(\mathrm{P})$ が対応しているベクトル場である．このとき，

$$\iint_S \frac{\boldsymbol{A}}{|\boldsymbol{A}|^3}\cdot d\boldsymbol{S} = \begin{cases} 0 & (\mathrm{P}_0 \text{ が } S \text{ の外部にあるとき}) \\ 4\pi & (\mathrm{P}_0 \text{ が } S \text{ の内部にあるとき}) \end{cases}$$

（解答） P_0 が原点になるような直交座標系 (x,y,z) を導入して考える．このとき $\boldsymbol{A} = x\boldsymbol{i} + y\boldsymbol{j} + z\boldsymbol{k}$ である．したがって，

$$\frac{\boldsymbol{A}}{|\boldsymbol{A}|^3} = \frac{1}{(x^2+y^2+z^2)^{3/2}}(x\boldsymbol{i} + y\boldsymbol{j} + z\boldsymbol{k})$$

3 Carl Friedrich Gauss (1777–1855) ドイツの数学者

これは原点以外で定義されたベクトル場である．また，その発散は

$$\begin{aligned}
&\operatorname{div}(\boldsymbol{A}/|\boldsymbol{A}|^3)\\
&=\frac{-2x^2+y^2+z^2}{(x^2+y^2+z^2)^{5/2}}+\frac{x^2-2y^2+z^2}{(x^2+y^2+z^2)^{5/2}}+\frac{x^2+y^2-2z^2}{(x^2+y^2+z^2)^{5/2}}\\
&=0
\end{aligned}$$

である．

(I)　P_0 が S の外部にあるとき　　閉曲面 S とその内部に Gauss の発散定理を適用することができるから，積分値が 0 は明らか．

(II)　P_0 が S の内部にあるとき　　ベクトル場 $\boldsymbol{A}/|\boldsymbol{A}|^3$ が定義されていない点を閉曲面 S の内部に含むので，そのまま Gauss の発散定理を適用することはできない．

P_0 を中心とする半径 ρ の球面 S_ρ を考える．ρ を十分小さくとって，S_ρ はすっぽり S の内部に収まるようにしておく．閉曲面 $S-S_\rho$ に対して Gauss の発散定理を適用すると，

$$\begin{aligned}
0&=\iint_{S-S_\rho}\frac{\boldsymbol{A}}{|\boldsymbol{A}|^3}\cdot d\boldsymbol{S}\\
&=\iint_S\frac{\boldsymbol{A}}{|\boldsymbol{A}|^3}\cdot d\boldsymbol{S}-\iint_{S_\rho}\frac{\boldsymbol{A}}{|\boldsymbol{A}|^3}\cdot d\boldsymbol{S}
\end{aligned}$$

したがって，問題の積分値は，半径 ρ の球面 S_ρ における積分値に一致することがわかった．　　　　　　　　　　　　　　（解答終）

f, g を 領域 V 上のスカラー場としたとき，ベクトル場 $\boldsymbol{A}=f\operatorname{grad}g$ に対して，Gauss の発散定理を適用してみよう．

$$\begin{aligned}
\operatorname{div}(f\operatorname{grad}g)&=\operatorname{grad}f\cdot\operatorname{grad}g+f\operatorname{div}\operatorname{grad}g\\
&=\operatorname{grad}f\cdot\operatorname{grad}g+f\triangle g
\end{aligned}$$

である(練習問題 3.3〔2〕参照)．また，$\boldsymbol{n}$ を 曲面 ∂V の単位法ベクトル場とすれば,

$$\boldsymbol{A}\cdot d\boldsymbol{S} = \boldsymbol{A}\cdot\boldsymbol{n}\,dS = f\,\mathrm{grad}\,g\cdot\boldsymbol{n}\,dS$$

であるから，式(4.10) は

$$\iiint_V (\mathrm{grad}\,f\cdot\mathrm{grad}\,g + f\triangle g)\,dV = \iint_{\partial V} f(\mathrm{grad}\,g\cdot\boldsymbol{n})\,dS \qquad (4.11)$$

となる (この式(4.11) は **Green の第一公式**と呼ばれる)．式(4.11) において，$g=f$ とすると，公式

$$\iiint_V (|\,\mathrm{grad}\,f|^2 + f\triangle f)\,dV = \iint_{\partial V} f(\mathrm{grad}\,f\cdot\boldsymbol{n})\,dS \qquad (4.12)$$

が得られる．これを使い，次の定理を示そう．

定理 4.3 Laplace 方程式の解 f は，ある向きづけ可能な閉曲面 S 上のすべての点で 0 ならば，S で囲まれた閉領域 V においても恒等的に 0 である．

証明：仮定のとき，式(4.12) より，

$$\iiint_V |\,\mathrm{grad}\,f|^2\,dV = 0$$

を得る．これは，非負の関数 $|\,\mathrm{grad}\,f|^2$ を V 上で積分して 0 ということだから，V 上各点で $|\,\mathrm{grad}\,f|^2=0$ を意味する．したがって，V 上各点で $\mathrm{grad}\,f=\boldsymbol{0}$, すなわち，$f$ は V 上一定値をとるスカラー場である．再び f は $\partial V(=S)$ 上 0 であることを考慮すれば，V 上すべての点で $f=0$ と結論される． □

この定理 4.3 の系として，次が分かる．

定理 4.4 (Laplace 方程式の解の一意性定理) Laplace 方程式の，2 つの解 f, g が，ある閉曲面 S 上で $f=g$ であるならば，S で囲まれた閉領域 V 全体でも $f=g$ である．

練習問題 4.4

〔**1**〕 Gauss の発散定理より，曲面 S で囲まれた閉領域 V の体積 $\mathrm{Vol}(V)$ が

$$\begin{aligned}\mathrm{Vol}(V) &= \iint_S x\,dydz = \iint_S y\,dzdx = \iint_S z\,dxdy \\ &= \frac{1}{3}\iint_S (x\,dydz + y\,dzdx + z\,dxdy)\end{aligned}$$

であることを示せ．

〔**2**〕 Gauss の発散定理より，次の公式を導け．

$$\iiint_V (\triangle f)\,dV = \iint_{\partial V} \mathrm{grad}\, f \cdot \boldsymbol{n}\,dS$$

〔**3**〕 Green の第一公式より，次の公式を導け (**Green の第二公式**)．

$$\begin{aligned}&\iiint_V (f\triangle g - g\triangle f)\,dV \\ &\qquad = \iint_{\partial V} \left(f(\mathrm{grad}\, g \cdot \boldsymbol{n}) - g(\mathrm{grad}\, f \cdot \boldsymbol{n})\right)\,dS\end{aligned}$$

4.5 Stokes の定理

S を向きづけられた曲面とし，その境界を ∂S と書く．曲線 ∂S の向きは，右図のようにとととることととし，その向きに適合した単位接ベクトル場を $\boldsymbol{t}$ とする．

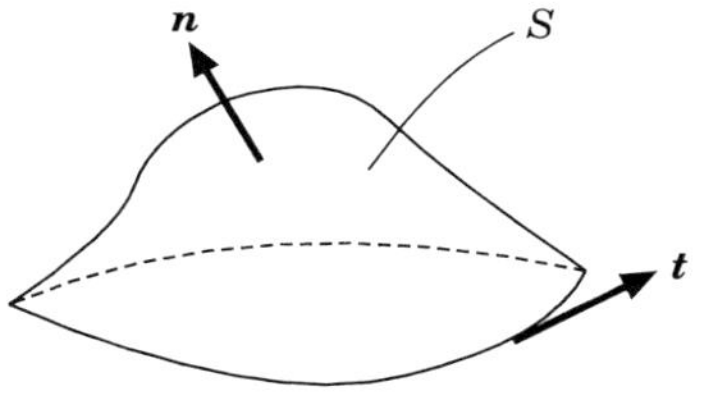

図 4.12　曲面 S

このとき，次の定理が成り立つ：

定理 4.5 (Stokes[4]の定理)

$$\iint_S \mathrm{rot}\,\boldsymbol{A}\cdot d\boldsymbol{S} = \int_{\partial S}\boldsymbol{A}\cdot d\boldsymbol{s} \tag{4.13}$$

直交座標系 (x, y, z) で記述すれば

$$\begin{aligned}&\iint_S \left\{\left(\frac{\partial A_3}{\partial y}-\frac{\partial A_2}{\partial z}\right)dydz+\left(\frac{\partial A_1}{\partial z}-\frac{\partial A_3}{\partial x}\right)dzdx\right.\\&\qquad\left.+\left(\frac{\partial A_2}{\partial x}-\frac{\partial A_1}{\partial y}\right)dxdy\right\}\\&\quad=\int_{\partial S}(A_1\,dx+A_2\,dy+A_3\,dz)\end{aligned}$$

証明は省略する．

xy 平面上の領域 D を xyz 空間内の平面であるととらえ，ベクトル場 $\boldsymbol{A} = f(x,y)\boldsymbol{i}+g(x,y)\boldsymbol{j}$ に対し，Stokes の定理を適用すれば，平面の Green の定理 (定理 4.1) が得られる．

4　Sir George Gabriel Stokes (1819–1903) アイルランドの数学者で物理学者

例題 4.10　C を球面 $x^2+y^2+z^2=1$ と平面 $2x+y+z=0$ との交わりとし，その向きは図 4.13 のようであるとする．

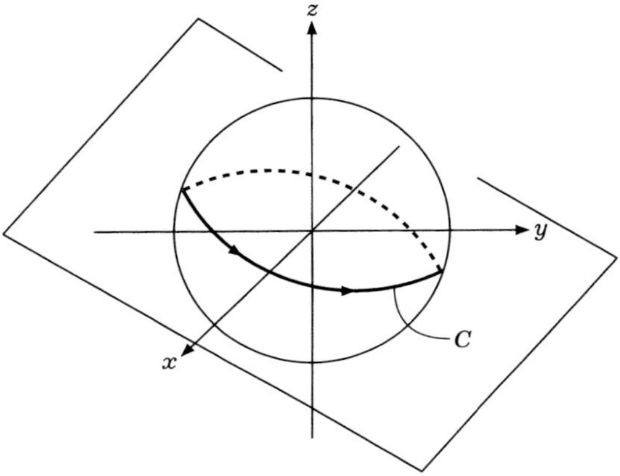

図 4.13　曲線 C

線積分 $I = \int_C (y\,dx + x\,dy + (y+z)\,dz)$ を計算せよ．

(解答)　C をパラメータ表示して，線積分の定義通りに計算してもよいのだが，ここでは Stokes の定理を応用して解いてみよう．

Stokes の定理によれば，C を境界とするような任意の曲面 S に対して，

$$I = \iint_S \mathrm{rot}\,(y\boldsymbol{i} + x\boldsymbol{j} + (y+z)\boldsymbol{k}) \cdot d\boldsymbol{S}$$

が成り立つ．今，S を，平面 $2x+y+z=0$ 上の C の内部にとろう．このとき，$\boldsymbol{n} = (2\boldsymbol{i}+\boldsymbol{j}+\boldsymbol{k})/\sqrt{6}$ だから，

$$
\begin{aligned}
I &= \iint_S \operatorname{rot}(y\boldsymbol{i} + x\boldsymbol{j} + (y+z)\boldsymbol{k}) \cdot (2\boldsymbol{i} + \boldsymbol{j} + \boldsymbol{k})/\sqrt{6}\, dS \\
&= \frac{1}{\sqrt{6}} \iint_S (1\boldsymbol{i} + 0\boldsymbol{j} + 0\boldsymbol{k}) \cdot (2\boldsymbol{i} + \boldsymbol{j} + \boldsymbol{k})\, dS \\
&= \frac{\sqrt{6}}{3} \iint_S dS = \frac{\sqrt{6}}{3} \times (S\ \text{の面積}) = \frac{\sqrt{6}}{3}\pi
\end{aligned}
$$

（解答終）

練習問題 4.5

〔**1**〕 Stokes の定理から，平面の Green の定理を導け．

付録A

A.1 楕円，双曲線，放物線

定義 A.1　2 定点 F, F′ からの距離の和が一定である点 P の軌跡を**楕円**といい，F, F′ をこの楕円の**焦点**と呼ぶ．

楕円を xy 平面で考えてみよう．$\mathrm{P}(x,y)$, $\mathrm{F}(c,0)$, $\mathrm{F}'(-c,0)$ $(c > 0)$ とし，一定である距離の和を $2a$ とする．ここで $a > c$ であることを注意しておく．$\mathrm{PF}+\mathrm{PF}'=2a$ より，

$$\sqrt{(x-c)^2+y^2}+\sqrt{(x+c)^2+y^2}=2a$$

である．これより，

$$(a^2-c^2)x^2+a^2y^2=a^2(a^2-c^2)$$

が得られる．ここで $\sqrt{a^2-c^2}=b$ とおいて，両辺 a^2b^2 で割ると，

$$\frac{x^2}{a^2}+\frac{y^2}{b^2}=1\ (a>b>0) \tag{A.1}$$

となる．この式 (A.1) を楕円の方程式の**標準形**と呼ぶ．

定義 A.2　2 定点 F, F′ からの距離の差が一定である点 P の軌跡を**双曲線**といい，F, F′ をこの双曲線の**焦点**と呼ぶ．

楕円の場合と同様の計算により，$F(c,0)$, $F'(-c,0)$ を焦点とし，距離の差が $2a$ である双曲線は，

$$\frac{x^2}{a^2} - \frac{y^2}{b^2} = 1 \quad \left(b = \sqrt{c^2 - a^2}\right) \tag{A.2}$$

となる．この式 (A.2) を双曲線の方程式の**標準形**と呼ぶ．

定義 A.3 定点 F と定直線 l から等距離にある点 P の軌跡を**放物線**といい，F をこの放物線の**焦点**，l を**準線**と呼ぶ．

$F(p,0)$, $l : x = -p \ (p \neq 0)$ とすると，

$$y^2 = 4px \ (p \neq 0) \tag{A.3}$$

が導かれる．この式 (A.3) を放物線の方程式の**標準形**と呼ぶ．

A.2 開集合，領域

実数直線上には，開区間，閉区間などの概念があった．平面や空間にも同様の概念がある．

平面 $\mathbb{R}^2$ には直交座標系 (x,y) が導入されているとする．

点 $P(x_0,y_0)$ の ε **近傍**とは，P からの距離が ε 未満の点全体であり，$\varDelta_\varepsilon(P)$ で表される．すなわち，$\varDelta_\varepsilon(P)$ は P を中心とする半径 ε の円の内部 $(x-x_0)^2+(y-y_0)^2 < \varepsilon^2$ である．

A を $\mathbb{R}^2$ の部分集合とする．点 P に対して，(ε を十分小さくとることにより) A の中にすっぽり入ってしまうような P の ε 近傍 $\varDelta_\varepsilon(P)$ があるとき，P を A の**内点**と呼ぶ．

A に属するすべての点が内点であるとき，A は**開集合**であるという．例えば，円や楕円の内部 $x^2/a^2 + y^2/b^2 < 1$ や円環領域 $r^2 < x^2 + y^2 < R^2$ などは開集合である．

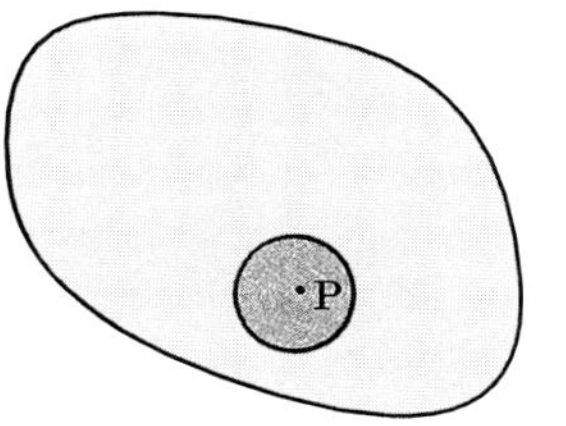

図 **A.1**　内点 P

点 P のすべての ε 近傍 $\Delta_\varepsilon(P)$ が A にも $\mathbb{R}^2 \setminus A$ にも共通部分をもつとき，点 P は A の**境界点**であるという．A の境界点全体を ∂A と書き，A の**境界**と呼ぶ．

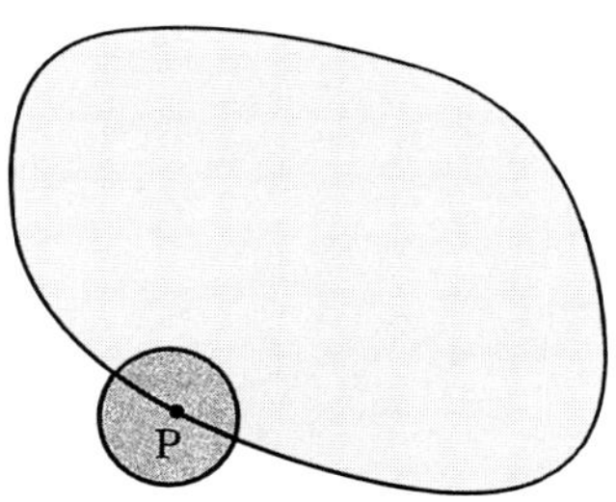

図 **A.2**　境界点 P

例えば，楕円の内部 $x^2/a^2 + y^2/b^2 < 1$ の境界は $x^2/a^2 + y^2/b^2 = 1$ であり，円環領域 $r^2 < x^2 + y^2 < R^2$ の境界は 2 つの円 $x^2 + y^2 = r^2$ と $x^2 + y^2 = R^2$ である．

部分集合 A とその境界 ∂A に対し $\overline{A} = A \cup \partial A$ とおき，$\overline{A}$ を A の**閉包**と呼ぶ．

$\overline{A} = A$ を満たす部分集合 A は，**閉集合**と呼ばれる．例えば，楕円の境界つき内部 $x^2/a^2 + y^2/b^2 \leq 1$ や，境界つきの円環領域 $r^2 \leq x^2 + y^2 \leq R^2$ は閉集合である．

部分集合 A が**連結**であるとは，A の任意の 2 点は，必ず，A 内を通る有限個の線分をつないだ折れ線で結ぶことが可能であることを意味する．

連結開集合は**領域**と呼ばれる．

以上，平面 $\mathbb{R}^2$ の部分集合について述べたが，空間 $\mathbb{R}^3$ についても $\mathrm{P}(x_0, y_0, z_0)$ の ε 近傍を $\Delta_\varepsilon(\mathrm{P}) : (x-x_0)^2 + (y-y_0)^2 + (z-z_0)^2 < \varepsilon^2$ と定めることから始めて，開集合，閉集合，領域等がすべて同様に定義される．

A.3 偏微分作用素と変数変換

2 変数関数 $f = f(x, y)$ の x に関する偏導関数は $\dfrac{\partial f}{\partial x}$ で書き表された．少し見方を変えて，記号 $\dfrac{\partial}{\partial x}$ は，関数 f を関数 $\dfrac{\partial f}{\partial x}$ へうつす写像であると解釈できる．すなわち，

$$\frac{\partial}{\partial x} : f(x, y) \ \mapsto \ \frac{\partial f}{\partial x}(x, y)$$

とする．同様に，

$$\frac{\partial}{\partial y} : f(x, y) \ \mapsto \ \frac{\partial f}{\partial y}(x, y)$$

とする．さらに，関数 $g = g(x, y)$, $h = h(x, y)$ と $\dfrac{\partial}{\partial x}, \dfrac{\partial}{\partial y}$ に対して，

$$g\frac{\partial}{\partial x} + h\frac{\partial}{\partial y} : f \ \mapsto \ g\frac{\partial f}{\partial x} + h\frac{\partial f}{\partial y}$$

と定義する．もちろん，特別な場合として g や h が定数である場合もある．

このような $g\dfrac{\partial}{\partial x} + h\dfrac{\partial}{\partial y}$ を**偏微分作用素**と呼ぶ．

次に変数変換 $x = x(u, v)$, $y = y(u, v)$ により，偏微分作用素がどのように書き換わるか述べておく．合成関数の微分法より

$$\frac{\partial f}{\partial u} = \frac{\partial f}{\partial x}\frac{\partial x}{\partial u} + \frac{\partial f}{\partial y}\frac{\partial y}{\partial u}, \quad \frac{\partial f}{\partial v} = \frac{\partial f}{\partial x}\frac{\partial x}{\partial v} + \frac{\partial f}{\partial y}\frac{\partial y}{\partial v}$$

だから，偏微分作用素として，関係式

$$\frac{\partial}{\partial u} = \frac{\partial x}{\partial u}\frac{\partial}{\partial x} + \frac{\partial y}{\partial u}\frac{\partial}{\partial y}, \quad \frac{\partial}{\partial v} = \frac{\partial x}{\partial v}\frac{\partial}{\partial x} + \frac{\partial y}{\partial v}\frac{\partial}{\partial y}$$

が成り立つ．行列の形で書けば

$$\begin{pmatrix} \partial/\partial u \\ \partial/\partial v \end{pmatrix} = \begin{pmatrix} \partial x/\partial u & \partial y/\partial u \\ \partial x/\partial v & \partial y/\partial v \end{pmatrix} \begin{pmatrix} \partial/\partial x \\ \partial/\partial y \end{pmatrix}.$$

以上の議論は 3 変数でも同様である．結果のみ記しておく．

変数変換 $x = x(u, v, w)$, $y = y(u, v, w)$, $z = z(u, v, w)$ に対して，偏微分作用素は次のように変換する．

$$\begin{pmatrix} \partial/\partial u \\ \partial/\partial v \\ \partial/\partial w \end{pmatrix} = \begin{pmatrix} \partial x/\partial u & \partial y/\partial u & \partial z/\partial u \\ \partial x/\partial v & \partial y/\partial v & \partial z/\partial v \\ \partial x/\partial w & \partial y/\partial w & \partial z/\partial w \end{pmatrix} \begin{pmatrix} \partial/\partial x \\ \partial/\partial y \\ \partial/\partial z \end{pmatrix}. \tag{A.4}$$

A.4 重積分の計算法の復習

1 二重積分

xy 平面の領域 D が，区間 $[a, b]$ で連続な 2 つの関数 $y = \varphi(x)$, $y = \psi(x)$ によって，

$$D = \{(x, y)\,;\, \varphi(x) \leq y \leq \psi(x),\ a \leq x \leq b\}$$

と表されるとき，二重積分は次のように計算される．

$$\iint_D f(x, y)\,dxdy = \int_a^b \left\{ \int_{\varphi(x)}^{\psi(x)} f(x, y)\,dy \right\} dx.$$

また，偏微分可能な関数による変数変換 $x = x(u, v)$, $y = y(u, v)$ によって，uv 平面の領域 E が xy 平面の領域 D に 1 対 1 に写されるならば，積分の変換公式

$$\iint_D f(x, y)\,dxdy = \iint_E f(x(u, v), y(u, v))\,|J|\,dudv$$

が成り立つ．ここで，

$$J = J(u,v) = \begin{vmatrix} \partial x/\partial u & \partial y/\partial u \\ \partial x/\partial v & \partial y/\partial v \end{vmatrix}$$

2 三重積分

xyz 空間の領域 V が，xy 平面の領域 D で定義された2つの連続関数 $z = \varphi(x,y)$, $z = \psi(x,y)$ によって，

$$V = \{(x,y,z)\,;\, \varphi(x,y) \leq z \leq \psi(x,y),\ (x,y) \in D\}$$

と表されるとき，三重積分は次のように計算される．

$$\iiint_V f(x,y,z)\,dxdydz = \iint_D \left\{ \int_{\varphi(x,y)}^{\psi(x,y)} f(x,y,z)\,dz \right\} dxdy$$

また，偏微分可能な関数による変数変換 $x = x(u,v,w)$, $y = y(u,v,w)$, $z = z(u,v,w)$ によって，uvw 空間の領域 U が xyz 空間の領域 V に1対1に写されるならば，積分の変換公式

$$\iint_V f(x,y,z)\,dxdydz$$
$$= \iint_U f(x(u,v,w), y(u,v,w), z(u,v,w))\,|J|\,dudvdw$$

が成り立つ．ここで，

$$J = J(u,v,w) = \begin{vmatrix} \partial x/\partial u & \partial y/\partial u & \partial z/\partial u \\ \partial x/\partial v & \partial y/\partial v & \partial z/\partial v \\ \partial x/\partial w & \partial y/\partial w & \partial z/\partial w \end{vmatrix}$$

練習問題の略解

1.1　ベクトルの基本事項

〔**1**〕(方針) 平行四辺形 ABCD において，対角線 AC と BD の交点を P とおく．$(\overrightarrow{\mathrm{AB}}) = \vec{b}$, $(\overrightarrow{\mathrm{AD}}) = \vec{d}$ などとして，$(\overrightarrow{\mathrm{AP}}) = \dfrac{1}{2}(\overrightarrow{\mathrm{AC}})$ を示せばよい．

〔**2**〕(ヒント) 前問〔1〕の結果から．

〔**3**〕略

〔**4**〕略

1.2　内積，外積

〔**1**〕略

〔**2**〕(1) $\boldsymbol{a}\cdot\boldsymbol{b} = 3$, $|\boldsymbol{a}| = \sqrt{29}$, $|\boldsymbol{b}| = \sqrt{6}$, $\boldsymbol{a}\times\boldsymbol{b} = -10\boldsymbol{i} - 8\boldsymbol{j} - \boldsymbol{k}$

(2) $\boldsymbol{a}\cdot\boldsymbol{b} = -1$, $|\boldsymbol{a}| = \sqrt{2}$, $|\boldsymbol{b}| = \sqrt{5}$, $\boldsymbol{a}\times\boldsymbol{b} = -2\boldsymbol{i} - 2\boldsymbol{j} + \boldsymbol{k}$

(3) $\boldsymbol{a}\cdot\boldsymbol{b} = 0$, $|\boldsymbol{a}| = \sqrt{11}$, $|\boldsymbol{b}| = \sqrt{6}$, $\boldsymbol{a}\times\boldsymbol{b} = (4, 1, 7)$

(4) $\boldsymbol{a}\cdot\boldsymbol{b} = 9$, $|\boldsymbol{a}| = \sqrt{13}$, $|\boldsymbol{b}| = \sqrt{10}$, $\boldsymbol{a}\times\boldsymbol{b} = (0, 0, -7)$

〔**3**〕(左辺) $= (\boldsymbol{a}+\boldsymbol{b})\cdot(\boldsymbol{a}+\boldsymbol{b}) = \boldsymbol{a}\cdot\boldsymbol{a} + \boldsymbol{a}\cdot\boldsymbol{b} + \boldsymbol{b}\cdot\boldsymbol{a} + \boldsymbol{b}\cdot\boldsymbol{b} =$ (右辺)

〔**4**〕(左辺) $= (|\boldsymbol{a}|^2 + 2\boldsymbol{a}\cdot\boldsymbol{b} + |\boldsymbol{b}|^2) + (|\boldsymbol{a}|^2 - 2\boldsymbol{a}\cdot\boldsymbol{b} + |\boldsymbol{b}|^2) =$ (右辺)

〔**5**〕平行四辺形の対角線の長さの自乗の和は，辺の長さの自乗和に等しい．

〔**6**〕ひし形 OABC において $(\overrightarrow{\mathrm{OA}}) = \boldsymbol{a}$, $(\overrightarrow{\mathrm{OC}}) = \boldsymbol{c}$ とおく．対角線を表すベクトルは $(\overrightarrow{\mathrm{OB}}) = \boldsymbol{a}+\boldsymbol{c}$ と $(\overrightarrow{\mathrm{AC}}) = \boldsymbol{c}-\boldsymbol{a}$ である．ひし形だから $|\boldsymbol{a}| = |\boldsymbol{c}|$ であ

ることに注意すると，$(\overrightarrow{\mathrm{OB}})\cdot(\overrightarrow{\mathrm{AC}}) = (\boldsymbol{a}+\boldsymbol{c})\cdot(\boldsymbol{c}-\boldsymbol{a}) = 0.$ $\therefore (\overrightarrow{\mathrm{OB}}) \perp (\overrightarrow{\mathrm{AC}})$.

〔**7**〕 略

〔**8**〕 条件より $\boldsymbol{b} = -\boldsymbol{a}-\boldsymbol{c}$ だから，$\boldsymbol{a}\times\boldsymbol{b} = \boldsymbol{a}\times(-\boldsymbol{a}-\boldsymbol{c}) = -\boldsymbol{a}\times\boldsymbol{a}-\boldsymbol{a}\times\boldsymbol{c} = \boldsymbol{c}\times\boldsymbol{a}$ である．残る等式も同様.

〔**9**〕 $\boldsymbol{a},\boldsymbol{b},\boldsymbol{c}$ が右手系である $\iff$ 平面 $\{\boldsymbol{a},\boldsymbol{b}\}$ の表側に $\boldsymbol{c}$ がある $\iff$ $\boldsymbol{a}\times\boldsymbol{b}$ と $\boldsymbol{c}$ のなす角は $90°$ 未満 $\iff$ $\boldsymbol{a}\times\boldsymbol{b}\cdot\boldsymbol{c} > 0$

〔**10**〕 (ヒント) 図を描いてみよ.

〔**11**〕 3 辺とも $\boldsymbol{a},\boldsymbol{b},\boldsymbol{c}$ の張る平行六面体の体積を表すのだから等しいのは明らか.

〔**12**〕 (方針) 基本ベクトルにより，成分表示して計算.

〔**13**〕 前問〔12〕より.

1.3 基本ベクトルと直交座標系

〔**1**〕 (ヒント) 中点を R とすると，$\overrightarrow{\mathrm{OR}} = \overrightarrow{\mathrm{OP}} + \dfrac{1}{2}\overrightarrow{\mathrm{PQ}}$

〔**2**〕 $(\boldsymbol{p}+\boldsymbol{q}+\boldsymbol{r})/3$

〔**3**〕 $\sqrt{(p_1-q_1)^2+(p_2-q_2)^2+(p_3-q_3)^2}$

〔**4**〕 例えば $\dfrac{1}{2}|\overrightarrow{\mathrm{PQ}}\times\overrightarrow{\mathrm{PR}}|$ により $\dfrac{3}{2}$.

〔**5**〕 例えば $\dfrac{1}{6}|(\overrightarrow{\mathrm{PQ}}\times\overrightarrow{\mathrm{PR}})\cdot\overrightarrow{\mathrm{PS}}|$ により $\dfrac{4}{3}$.

1.4 直線と平面

〔**1**〕 $(1/2, 2, 0)$

〔**2**〕 $\sqrt{21}/3$

〔**3**〕 (1) $x-3y-2z+3=0$ (2) $x+5y-2z+3=0$ (3) $x-3y-7z+7=0$

1.5 円, 球面

〔1〕 中心の位置ベクトルが $(\boldsymbol{a}+\boldsymbol{b})/2$, 半径が $|\boldsymbol{b}-\boldsymbol{a}|/2$ だから, その円のベクトル方程式は $|\boldsymbol{p}-(\boldsymbol{a}+\boldsymbol{b})/2| = |\boldsymbol{b}-\boldsymbol{a}|/2$. これを式変形して, $(\boldsymbol{p}-\boldsymbol{a})\cdot(\boldsymbol{p}-\boldsymbol{b}) = 0$ を得る.

(別解) 点 P が円上にあるための条件 $\Leftrightarrow \angle\mathrm{APB} = 90^\circ \Leftrightarrow \overrightarrow{\mathrm{AP}} \perp \overrightarrow{\mathrm{BP}} \Leftrightarrow$ $(\boldsymbol{p}-\boldsymbol{a})\cdot(\boldsymbol{p}-\boldsymbol{b}) = 0$

〔2〕 $x^2+y^2-3x+y-4=0$

〔3〕 $x^2+y^2=(\sqrt{13}-1)^2$

〔4〕 $(x+2)^2+(y-1)^2+(z+1)^2=2$ だから中心 $(-2,1,-1)$, 半径 $\sqrt{2}$ の球面である.

〔5〕 $x_0x+y_0y+z_0z=r^2$

〔6〕 (1) $x^2+y^2+z^2=4/3$ (2) $(x-1/3)^2+(y-1/3)^2+(z-1/3)^2=2/3$

1.6 ベクトル値関数

〔1〕 (1) $\boldsymbol{i}+2t\,\boldsymbol{j}+(2-3t^2)\boldsymbol{k}$ (2) $\cos t\,\boldsymbol{i}-\sin t\,\boldsymbol{k}$

(3) $e^t\,\boldsymbol{i}-(t^{-1/2}/2)\boldsymbol{j}-(2/t^3)\boldsymbol{k}$ (4) $(-2t^{-3},-3e^{-3t},0)$

(5) $(1,\log t+1,2\cos 2t)$ (6) $(-2t/(1+t^2)^2,0,-t/\sqrt{1-t^2})$

〔2〕 略

〔3〕 $\boldsymbol{A}$ の大きさが一定だから, $\boldsymbol{A}\cdot\boldsymbol{A}=$ 定数. この式を微分して, $\boldsymbol{A}'\cdot\boldsymbol{A}+\boldsymbol{A}\cdot\boldsymbol{A}'=0$. $\therefore\ 2\boldsymbol{A}'\cdot\boldsymbol{A}=0$. $\therefore\ \boldsymbol{A}'\cdot\boldsymbol{A}=0$.

〔4〕 (1) $|\boldsymbol{A}|^2=\boldsymbol{A}\cdot\boldsymbol{A}$ の両辺を微分して, $2|\boldsymbol{A}||\boldsymbol{A}|'=2\boldsymbol{A}'\cdot\boldsymbol{A}$.

(2) (方針) (1) を利用して計算.

〔5〕 (1) $\boldsymbol{A}'=3t^2\,\boldsymbol{i}-4t\,\boldsymbol{j}+2\,\boldsymbol{k}$, $\boldsymbol{A}''=6t\,\boldsymbol{i}-4\,\boldsymbol{j}$, $\boldsymbol{A}'''=6\,\boldsymbol{i}$

(2) $\boldsymbol{A}'=2\cos 2t\,\boldsymbol{i}+5(t+1)^4\,\boldsymbol{k}$, $\boldsymbol{A}''=-4\sin 2t\,\boldsymbol{i}+20(t+1)^3\,\boldsymbol{k}$, $\boldsymbol{A}'''=-8\cos 2t\,\boldsymbol{i}+60(t+1)^3\,\boldsymbol{k}$ (3) $\boldsymbol{A}'=(e^t,\dfrac{1}{2}t^{-1/2},-2t^{-3})$, $\boldsymbol{A}''=(e^t,-\dfrac{1}{4}t^{-3/2},6t^{-4})$, $\boldsymbol{A}'''=(e^t,\dfrac{3}{8}t^{-5/2},-24t^{-5})$ (4) $\boldsymbol{A}'=(1/t,\log t+$

$1, 0)$, $\boldsymbol{A}'' = (-1/t^2, 1/t, 0)$, $\boldsymbol{A}''' = (2/t^3, -1/t^2, 0)$

〔**6**〕 (1) $\boldsymbol{A}_u = \boldsymbol{i} + v\,\boldsymbol{j}$, $\boldsymbol{A}_v = -\boldsymbol{i} + u\,\boldsymbol{j} + 2v\,\boldsymbol{k}$, $\boldsymbol{A}_{uu} = \boldsymbol{0}$, $\boldsymbol{A}_{uv} = \boldsymbol{A}_{vu} = \boldsymbol{j}$, $\boldsymbol{A}_{vv} = 2\boldsymbol{k}$ (2) $\boldsymbol{A}_u = \cos v\,\boldsymbol{i} + \sin v\,\boldsymbol{j}$, $\boldsymbol{A}_v = -u\sin v\,\boldsymbol{i} + u\cos v\,\boldsymbol{j} + \boldsymbol{k}$, $\boldsymbol{A}_{uu} = \boldsymbol{0}$, $\boldsymbol{A}_{uv} = \boldsymbol{A}_{vu} = -\sin v\,\boldsymbol{i} + \cos v\,\boldsymbol{j}$, $\boldsymbol{A}_{vv} = -u\cos v\,\boldsymbol{i} - u\sin v\,\boldsymbol{j}$ (3) $\boldsymbol{A}_u = (1, 0, 5(u+2v)^4)$, $\boldsymbol{A}_v = (0, 1, 10(u+2v)^4)$, $\boldsymbol{A}_{uu} = (0, 0, 20(u+2v)^3)$, $\boldsymbol{A}_{uv} = \boldsymbol{A}_{vu} = (0, 0, 40(u+2v)^3)$, $\boldsymbol{A}_{vv} = (0, 0, 80(u+2v)^3)$ (4) $\boldsymbol{A}_u = (e^v, 2ue^v, 0)$, $\boldsymbol{A}_v = (ue^v, u^2e^v, 1)$, $\boldsymbol{A}_{uu} = (0, 2e^v, 0)$, $\boldsymbol{A}_{uv} = \boldsymbol{A}_{vu} = (e^v, 2ue^v, 0)$, $\boldsymbol{A}_{vv} = (ue^v, u^2e^v, 0)$

2.1 曲線

〔**1**〕 $\displaystyle\int_0^{2\pi} \sqrt{\{a(1-\cos t)\}^2 + \{a\sin t\}^2}\,dt = 8a$

〔**2**〕 $\displaystyle\int_0^{2\pi/a} \sqrt{\{e^t(\cos at - a\sin at)\}^2 + \{e^t(\sin at + a\cos at)\}^2}\,dt$
$= \sqrt{1+a^2}(e^{2\pi/a} - 1)$

〔**3**〕 (ヒント) $y = f(x)$ のグラフを曲線 $\boldsymbol{r}(x) = (x, f(x))$, $a \leq x \leq b$ と解釈すればよい.

〔**4**〕 (1) $\displaystyle\int_1^2 \sqrt{1 + \frac{1}{4}\left(x^2 - \frac{1}{x^2}\right)^2}\,dx = \frac{17}{12}$

(2) $\displaystyle\int_0^1 \sqrt{1 + \frac{9}{4}x}\,dx = \frac{1}{27}(13\sqrt{13} - 8)$

(3) $\displaystyle\int_0^1 \sqrt{1 + \sinh^2 x}\,dx = \sinh 1 = (e - e^{-1})/2$

〔**5**〕 $\boldsymbol{r}(s) = a\cos(s/a)\,\boldsymbol{i} + a\sin(s/a)\,\boldsymbol{j}$

2.2 平面曲線の曲率

〔**1**〕 0

〔**2**〕 $\dfrac{\sqrt{2}}{4a}\dfrac{1}{\sqrt{1-\cos t}}$

〔**3**〕 (ヒント) $y=f(x)$ のグラフを曲線 $\boldsymbol{r}(x)=(x,f(x))$ と解釈すればよい.

〔**4**〕 (1) $\dfrac{2}{(1+4x^2)^{3/2}}$ (2) $\dfrac{e^x}{(1+e^{2x})^{3/2}}$ (3) $\dfrac{|\sin x|}{(1+\cos^2 x)^{3/2}}$ (4) $\dfrac{1}{\cosh^2 x}$

〔**5**〕 略

〔**6**〕 (1) $(\pm a,0)$, $(0,\pm b)$ (2) $(\pm a,0)$ (3) $(0,0)$

2.3 点の運動

〔**1**〕 (1) $2\boldsymbol{i}-3\boldsymbol{j}+\boldsymbol{k}$, $\sqrt{14}$, $\boldsymbol{0}$ (2) $2t\boldsymbol{i}-3t^2\boldsymbol{j}+(1+2t)\boldsymbol{k}$, $\sqrt{9t^4+8t^2+4t+1}$, $2\boldsymbol{i}-6t\,\boldsymbol{j}+2\boldsymbol{k}$ (3) $-2\sin 2t\,\boldsymbol{i}-2\cos 2t\,\boldsymbol{j}-\boldsymbol{k}$, $\sqrt{5}$, $-4\cos 2t\,\boldsymbol{i}+4\sin 2t\,\boldsymbol{j}$
(4) $e^t\boldsymbol{i}-e^{-t}\boldsymbol{j}$, $\sqrt{e^{2t}+e^{-2t}}$, $e^t\boldsymbol{i}+e^{-t}\boldsymbol{j}$

〔**2**〕 $\ddot{\boldsymbol{r}}=\boldsymbol{0}\Rightarrow\dot{\boldsymbol{r}}=\boldsymbol{a}(=$ 定ベクトル$)\Rightarrow\boldsymbol{r}=\boldsymbol{a}t+\boldsymbol{b}$

〔**3**〕 $\dfrac{d}{dt}(\boldsymbol{r}\times\dot{\boldsymbol{r}})=\dot{\boldsymbol{r}}\times\dot{\boldsymbol{r}}+\boldsymbol{r}\times\ddot{\boldsymbol{r}}=\boldsymbol{0}+\boldsymbol{r}\times\dfrac{1}{m}f(|\boldsymbol{r}|)\boldsymbol{r}=\boldsymbol{0}$

2.4 曲面

〔**1**〕 $x=2$

〔**2**〕 $x+y+\sqrt{2}z=\sqrt{2}a+2b$

〔**3**〕 $ay-z+b=0$

〔**4**〕 $y=0$

〔**5**〕 $4\pi a^2$

〔**6**〕 $4\pi^2 ab$

〔**7**〕 $\dfrac{\pi}{6}\left\{(1+4a)^{3/2}-1\right\}$

3.1 スカラー場, ベクトル場

〔**1**〕 略

〔**2**〕略

〔**3**〕(1) -1　(2) 0　(3) 4　(4) 1　(5) π　(6) $2e$

3.2 勾配ベクトル場

〔**1**〕(1) $2x\,\boldsymbol{i}+2y\,\boldsymbol{j}$　(2) $\boldsymbol{i}-\boldsymbol{j}$　(3) $y\,\boldsymbol{i}+x\,\boldsymbol{j}$

〔**2**〕(1) $(3x^2+2xy)\,\boldsymbol{i}+(x^2+3y^2)\,\boldsymbol{j}$　(2) $\dfrac{x}{\sqrt{1+x^2+y^2}}\,\boldsymbol{i}+\dfrac{y}{\sqrt{1+x^2+y^2}}\,\boldsymbol{j}$

(3) $-\dfrac{2x}{(x^2+y^2)^2}\,\boldsymbol{i}-\dfrac{2y}{(x^2+y^2)^2}\,\boldsymbol{j}$　(4) $y\cos xy\,\boldsymbol{i}+x\cos xy\,\boldsymbol{j}$

(5) $2xe^{x^2-y^2}\,\boldsymbol{i}-2ye^{x^2-y^2}\,\boldsymbol{j}$　(6) $\dfrac{x}{x^2+y^2}\,\boldsymbol{i}+\dfrac{y}{x^2+y^2}\,\boldsymbol{j}$

〔**3**〕(1) $yz\,\boldsymbol{i}+xz\,\boldsymbol{j}+xy\,\boldsymbol{k}$　(2) $3x^2\,\boldsymbol{i}+2y\,\boldsymbol{j}+\boldsymbol{k}$

(3) $\dfrac{y}{z}\,\boldsymbol{i}+\dfrac{x}{z}\,\boldsymbol{j}-\dfrac{xy}{z^2}\,\boldsymbol{k}$　(4) $\dfrac{z-y}{(x+z)^2}\,\boldsymbol{i}+\dfrac{1}{x+z}\,\boldsymbol{j}-\dfrac{x+y}{(x+z)^2}\,\boldsymbol{k}$

(5) $\cos xyz(yz\,\boldsymbol{i}+xz\,\boldsymbol{j}+xy\,\boldsymbol{k})$　(6) $e^{x+y+z}(\boldsymbol{i}+\boldsymbol{j}+\boldsymbol{k})$

〔**4**〕(方針) 直交座標系により，両辺を具体的に計算すればよい．

〔**5**〕(1) $\operatorname{grad} f=2x\,\boldsymbol{i}+2y\,\boldsymbol{j}$，16　(2) $\operatorname{grad} f=2x\,\boldsymbol{i}+2y\,\boldsymbol{j}$，2

(3) $\operatorname{grad} f=yz\,\boldsymbol{i}+xz\,\boldsymbol{j}+xy\,\boldsymbol{k}$，2　(4) $\operatorname{grad} f=yz\,\boldsymbol{i}+xz\,\boldsymbol{j}+xy\,\boldsymbol{k}$，1

〔**6**〕命題 3.1 の証明と同様

3.3 発散, 回転

〔**1**〕(1) $3, \boldsymbol{0}$　(2) $0, \boldsymbol{0}$　(3) $y+1, \boldsymbol{i}-x\boldsymbol{k}$　(4) $yz, xy\boldsymbol{j}-xz\boldsymbol{k}$　(5) e^x+e^{-z}, $-\boldsymbol{i}$　(6) $\cos x-\sin z, \boldsymbol{0}$

〔**2**〕(方針) 直交座標系により，両辺を具体的に計算すればよい．

〔**3**〕(方針) 直交座標系により，両辺を具体的に計算すればよい．

〔**4**〕(方針) 直交座標系により，$\triangle f$ を具体的に計算すればよい．

〔**5**〕左辺 $=\nabla^2(fg)=\nabla\{(\nabla f)g+f(\nabla g)\}=(\nabla^2 f)g+(\nabla f)(\nabla g)+(\nabla f)(\nabla g)+f(\nabla^2 g)=$ 右辺

4.1 線積分

〔**1**〕 (1) $-2\sqrt{5}$ (2) $\dfrac{2\sqrt{5}}{3}$ (3) $\sqrt{5}(1-\cos 1)$

〔**2**〕 (1) 0 (2) 0 (3) 4

〔**3**〕 (1) $\dfrac{9}{2}$ (2) 1 (3) $\sin 2+\cos 2$

〔**4**〕 (1) $-\dfrac{1}{2}$ (2) $-\dfrac{1}{12}$ (3) $\sin 1$

〔**5**〕 (1) $\dfrac{5}{6}$ (2) 4 (3) -2π (4) $-\dfrac{2}{3}$ (5) $-\dfrac{\pi}{2}$

〔**6**〕 (1) $\dfrac{7\sqrt{21}}{2}$ (2) $4\sqrt{21}$ (3) $3\sqrt{21}$ (4) $\dfrac{15}{2}$ (5) -6 (6) $\dfrac{37}{6}$
(7) $-\dfrac{3}{2}$ (8) $\dfrac{7}{2}$

4.2 平面の Green の定理

〔**1**〕 (1) 6 (2) 1/2 (3) $3\pi/2$ (4) 3π

〔**2**〕 πab

〔**3**〕 $\dfrac{mn-1}{(m+1)(n+1)}$

〔**4**〕 $\dfrac{3}{2}\pi$

〔**5**〕 $\dfrac{3}{8}\pi$

〔**6**〕 略

4.3 面積分

〔**1**〕 (1) 7 (2) 7/12

〔**2**〕 (1) $4c\pi$ (2) 0

〔**3**〕 $\dfrac{20}{3}\pi$

〔**4**〕 (1) 4 (2) 8/3

〔**5**〕 (1) $-\cos u\cos v\,\boldsymbol{i}-\cos u\sin v\,\boldsymbol{j}-\sin u\,\boldsymbol{k}$ (2) $2\pi^2 ab(2+b^2)$ (3) 0 (4)

$-6\pi^2 ab^2$

4.4 Gauss の発散定理

〔**1**〕 $\displaystyle\iint_S x\,dydz = \iint_{\partial V} x\,dydz = \iiint_V \frac{\partial x}{\partial x}\,dxdydz = \iiint_V dxdydz = \mathrm{Vol}(V)$ などより．

〔**2**〕 (ヒント) $\boldsymbol{A} = \mathrm{grad}\, f$ に Gauss の発散定理を適用．

〔**3**〕 (ヒント) Green の第一公式の f と g を入れ替えた式と，Green の第一公式そのものとの差をとればよい．

4.5 Stokes の定理

〔**1**〕 略

索引

た

な

は

ま

【著者紹介】

國分雅敏（こくぶ・まさとし）

学　歴　東京都立大学大学院理学研究科数学専攻博士課程修了（1995）
職　歴　東京電機大学工学部講師（1996）
　　　　東京電機大学工学部助教授（2001）
現　在　東京電機大学工学部教授（2008）

【工科系数学セミナー】
ベクトル解析入門

2002年 5月30日　第1版1刷発行　　ISBN 978-4-501-61920-6 C3341
2024年 4月20日　第1版11刷発行

著　者　國分雅敏

発行所　学校法人 東京電機大学　〒120-8551 東京都足立区千住旭町5番
東京電機大学出版局　Tel. 03-5284-5386（営業）03-5284-5385（編集）
Fax. 03-5284-5387 振替口座 00160-5-71715
https://www.tdupress.jp/

印刷・製本：新灯印刷（株）　装丁：高橋壮一
落丁・乱丁本はお取り替えいたします。　Printed in Japan